기술사 합격 노하우

기술사 합격 노하우

초판 1쇄 인쇄   2011년 01월 11일
초판 1쇄 발행   2011년 01월 18일

지은이 | 이춘호
펴낸이 | 손형국
펴낸곳 | (주)에세이퍼블리싱
출판등록 | 2004. 12. 1(제315-2008-022호)
주소 | 서울특별시 강서구 방화3동 316-3 한국계량계측회관 102호
홈페이지 | www.book.co.kr
전화번호 | (02)3159-9638~40
팩스 | (02)3159-9637

ISBN 978-89-6023-514-4 13500

이 책의 판권은 지은이와 (주)에세이퍼블리싱에 있습니다.
내용의 일부와 전부를 무단 전재하거나 복제를 금합니다.

기술사 합격 노하우

이춘호 지음 | 에세이작가총서 354

기술사가 된 이후 많은 예비 기술사들에게서 "기술사가 되려면 얼마나 그리고 어떻게 공부를 해야 하느냐?"라는 질문을 많이 받았다. 수자원개발기술사를 준비하는 예비 기술사뿐만 아니라 도로 및 공항, 전기, 화공, 구조, 토질, 건축 등 업무 특성상 만나게 되는 여러 분야의 예비 기술사들에게서 받게 되는 공통된 질문이었다.

이 책을 통하여 기술사 시험을 준비하고 있는 모든 예비기술사들에게 기술사 시험에 대한 이해와 공부 방법 그리고 답안지 작성방법 등을 소개하였다.

기술사 시험은 학위 취득을 위한 연구가 아니기 때문에 하나의 문제에 대해 너무 깊게 알 필요도 없을 뿐만 아니라 사법고시와 같이 많은 양의 암기와 논리력을 요구하는 것이 아니기 때문에 설계기준이나 지침 등을 무조건 외울 필요도 없다. 기술사 시험에는 기술사 시험에 맞는 공부방법과 합격방법이 따로 있기 때문이다.

공부에는 지름길이 없다고 하지만 기술사 시험에 합격하는 길은 분명 있다. 『기술사 합격 노하우』는 기술사 시험을 준비하고 있는 많은 예비 기술사들이 효과적으로 시험을 준비하여 합격하기까지 분명 큰 도움이 되리라 생각한다.

서 문

    대부분의 예비 기술사들은 기술사의 정의가 무엇인지도 모른 채 기술사가 되고자 공부를 시작하고 있다.

    본인 역시 전공서적과 선배 기술사의 노트를 복사해서 무작정 외우는 방식으로 기술사 공부를 시작했다. 개인시간뿐만 아니라 잠자는 시간까지 줄여가며 공부에 매진했지만 결과는 기대에 못 미치는 점수와 불합격이란 결과였다.

    열심히 공부했고 매 교시마다 손가락에 굳은살이 생기도록 12페이지 이상 꽉꽉 채워서 답안지를 작성했는데 발표된 시험점수는 도저히 납득할 수 없었다. 이러한 기술사 시험 점수에 대해서는 공감하는 예비 기술사가 많으리라는 생각이 든다.

    낮은 점수에 대한 원인을 찾던 중 그 해답을 기술사법에서 찾게 되었다. 기술사법에 명시된 기술사의 정의를 알고, 충분히 이해하고 나서 기술사 시험 준비를 해야 성과가 있겠다는 판단이 들었다. 그렇게 방향을 정해 준비한 결과 그토록 염원하던 기술사 시험을 통과하게 되었다.

    기술사가 된 이후 많은 예비 기술사들에게서 **"기술사가 되려면 얼마나 그리고 어떻게 공부를 해야 하느냐?"** 라는 질문을 많이 받았다. 수자원개발

기술사를 준비하는 예비 기술사뿐만 아니라 도로 및 공항, 전기, 화공, 구조, 토질, 건축·토목시공 등 업무 특성상 만나게 되는 여러 분야의 예비 기술사들에게서 받게 되는 공통된 질문이었다.

이 책을 통하여 기술사 시험을 준비하고 있는 모든 예비기술사들에게 기술사 시험에 대한 이해와 공부 방법 그리고 답안지 작성방법 등을 소개하였다.

기술사 시험은 학위 취득을 위한 연구가 아니기 때문에 하나의 문제에 대해 너무 깊게 알 필요도 없을 뿐만 아니라 사법고시와 같이 많은 양의 암기와 논리력을 요구하는 것이 아니기 때문에 설계기준이나 지침 등을 무조건 외울 필요도 없다. 기술사 시험에는 기술사 시험에 맞는 공부방법과 합격방법이 따로 있기 때문이다.

공부에는 지름길이 없다고 하지만 기술사 시험에 합격하는 길은 분명 있다. **『기술사 합격 노하우』**는 기술사 시험을 준비하고 있는 많은 예비 기술사들이 효과적으로 시험을 준비하여 합격하기까지 분명 큰 도움이 되리라 생각한다.

수자원개발기술사 이춘호

I 정 보
(情報, Information)

기술사가 무엇인지 알고 덤벼라
−기술사의 정의, 응시자격, 검정방법, 기술사 시험, 기술사자격증

1. 기술사의 정의와 직무 ·· 12
   1.1 기술사의 정의 ·· 12
   1.2 기술사의 직무 ·· 13

2. 기술사자격시험 응시자격 ·· 17
   2.1 국가기술자격 정보체계 구축 및 운영 ················ 17
   2.2 국가기술자격의 등급 및 응시자격 ···················· 18

3. 검정방법 ·· 20
   3.1 국가기술자격의 검정방법 및 검정기준 ·············· 20
   3.2 국가기술자격의 종목별 시험과목 ······················ 21
   3.3 국가기술자격 검정의 시행 ······························ 35
   3.4 부정행위의 기준 ·· 36

4. 기술사자격시험 운영 ·· 38
   4.1 시험위원(시험위원의 자격) ······························ 38
   4.2 합격결정기준 ·· 39
   4.3 검정의 일부 합격 인정 ···································· 39
   4.4 합격인원의 예정선발 ······································ 44
   4.5 합격자의 공고 ·· 45

5. 기술사자격시험 응시안내 ·· 46
   5.1 검정업무 대행기관 ·· 46
   5.2 큐넷 홈페이지(http://www.q-net.or.kr) ············ 46

CONTENTS

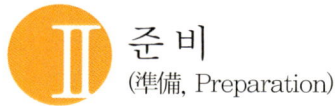

Ⅱ 준 비
(準備, Preparation)

기술사 시험은 준비가 필요하다
−언제, 어디서, 무엇을, 어떻게 그리고 왜?

6. 공부, 언제 해야 하는 것일까? ········· 50
   - 6.1 기술사 공부에 필요한 시간 ········· 50
   - 6.2 기술사 공부계획 수립 ········· 59

7. 공부, 어디서 해야 하는 것일까? ········· 64
   - 7.1 최적의 공부장소 ········· 64
   - 7.2 명절이나 국경일 활용 ········· 68

8. 공부, 무엇부터 시작해야 하는 것일까? ········· 69
   - 8.1 기출문제 분류하기 ········· 69
   - 8.2 기출문제 합치기 ········· 76

9. 공부, 어떻게 해야 하는 것일까? ········· 83
   - 9.1 유태인들의 공부 방법 ········· 83
   - 9.2 하버드생의 공부철학 ········· 86

10. 공부, 왜 해야 하는 것일까? ········· 88
    - 10.1 누구나 기술사 시험에 합격할 수 있는 것은 아니다 ······ 88
    - 10.2 PMIism과 기술사ism은 같다 ········· 93
    - 10.3 공부 스트레스 해소방법 ········· 96

학 습
(學習, Study)

공부에도 방법이 있다
– 노트, 펜, 답안, 표 & 그림, Keyword 그리고 마인드맵

11. 나만의 노트 만들기 ·· 102
    - 11.1 일반노트와 답안지형 노트 ·· 102
    - 11.2 서브노트 작성방법 ·· 105
    - 11.3 표, 그림, 개념도 그리기 ·· 108
    - 11.4 색깔 있는 펜, 포스트잇 활용하기 ································ 115
    - 11.5 관련법 정리하기 ·· 116
    - 11.6 키워드를 찾아라 ·· 119
    - 11.7 선배 기술사의 서브노트 활용 ···································· 123

12. 답안 작성방법 연습하기(예비답안 만들기) ····················· 125
    - 12.1 하늘 아래 새로운 것은 없다 ······································ 125
    - 12.2 정보관리기술사와 토목시공기술사의 답안작성방법은 다를까? ··· 133
    - 12.3 IQ만 높은 사람은 EQ가 높은 사람을 이길 수 없다 ········· 138
    - 12.4 자신의 답안지를 돋보이게 하는 도구 ···························· 143
    - 12.5 자신을 전문가로 보이게 하는 방법 ······························ 153
    - 12.6 답안 작성방법(예비답안 만들기) ································ 162
    - 12.7 내 답안의 임팩트: 키워드 ······································ 175

13. 암기방법 ·· 199
    - 13.1 머리와 몸으로 함께 기억하자 ···································· 199
    - 13.2 효과 만점인 암기도구들 ·· 201

Ⅳ 시험
(試驗, Examination)

결전의 날 승리를 위하여
−시험기간, 시험장, 준비물, 시간관리, 문제 선택, 컨디션 조절

14. 시험기간 관리하기 ··· 220
    ⑭.❶ 시험 일주일 전 ·· 220
    ⑭.❷ 시험 전날 ··· 221
    ⑭.❸ 시험 당일 ··· 222

15. 시험문제 대응방법 ··· 224
    ⑮.❶ 무엇을 버리고 무엇을 선택할 것인가? ···················· 224
    ⑮.❷ 계산문제 대처방법 ·· 226
    ⑮.❸ 모르는 문제에 대한 접근방법 ······························· 231
    ⑮.❹ 답안 정정 시 유의사항 ······································· 233

16. 시험장에서 필요한 것들 ··· 236
    ⑯.❶ 필수 지참물 ·· 236
    ⑯.❷ 그 밖에 필요한 것들 ··· 237

17. 레이스를 완주한 선수만이
    다음 레이스에 우승을 기대할 수 있다 ························ 238
    ⑰.❶ 시험공부를 포기하지 마라 ·································· 238
    ⑰.❷ 시험 중간에 나오지 마라 ··································· 240

V 합 격
(合格, Pass)

기술사 시험 합격을 신고합니다!
– 면접 준비, 면접절차, 답변 요령, 말하기 연습

18. 2차 면접시험 합격방법 ·· 244
    ⑱.❶ 면접시험 접수 ·· 244
    ⑱.❷ 면접시험 대처방안 ·· 246
    ⑱.❸ 면접 복장 ·· 253

VI 기 타

기술사자격증 취득 후
– 기술사 교육훈련, 국제기술사, PMP

19. 기술사자격증 취득 후 ·· 256
    ⑲.❶ 기술사의 교육훈련 ·· 256
    ⑲.❷ 국제기술사 자격인정 ·· 258
    ⑲.❸ 기술사 합격 이후 ·· 262

VII 참고자료

참고용 예비답안 ··· 268

정보 _ 情報 _ Information
「기술사가 무엇인지 알고 덤벼라」

overview
- 기술사의 정의
- 응시자격
- 검정방법
- 기술사 시험
- 기술사자격증

1 기술사의 정의와 직무

1.1 기술사의 정의

■□■ 기술사란?

기술사법에서 "기술사란 해당 기술 분야에 관한 고도의 전문지식과 실무 경험에 입각한 응용능력을 보유한 자로서 「국가기술자격법」 제10조의 규정에 의하여 기술사의 자격을 취득한 자"로 정의하고 있다(기술사법 제2조(정의)). 이 법의 설명에 따르면 기술사가 되기 위해서는 응용능력이 중요한 요소가 되며 국가기술자격법의 규정에 의해 자격을 취득하여야 한다는 것이다.

■□■ 기술사의 법적 정의에 대한 풀이

과학기술부와 한국항공우주연구원에서 한국 우주인 선발을 할 때, 1차로는 영어/상식 필기시험을 2006년 9월 16일 전국 8개 고시장에서 실시하였다. 영어는 청취력을 강화한 TEPS로, 종합상식은 과학상식이 포함된 판단력, 탐구력, 수리력, 창의력, 사고력, 응용력, 이해력, 논리력 등 8개 영역으로 구성된 적성검사 형식으로 평가하였다.

한국 최초의 우주인이 되기 위해서는 판단력, 탐구력, 수리력, 창의력, 사고력, 응용력, 이해력, 논리력 등 8가지 능력이 모두 필요하지만 기술사가 되기 위해서 반드시 필요한 능력은 응용력이다.

기술사가 되기 위해서는 물론 판단력도 필요하며 사고력, 이해력, 논리력도 필요할 것 같은데, 왜 응용력이 중요한지는 단어의 사전적인 의미만으로도 충분히 짐작할 수 있다.

◉ 응용(應用) [명사]

어떤 이론이나 이미 얻은 지식을 구체적인 개개의 사례나 다른 분야의 일에 적용시켜 이용함

위의 사전적 의미에서 뜻하는 바를 기술사법에서 말하는 기술사의 정의와 결부시켜 풀어보면 **"기술사란 고도의 전문지식과 실무경험을 구체적인 개개의 사례나 다른 분야의 일에 적용시켜 이용하는 자"**를 말한다.

기술사 자격증을 취득하기 위하여 1차 필기시험과 2차 면접시험을 어떻게 준비하여야 하며, 어떤 답안을 작성하고 어떤 답변을 하여야 합격하는지를 설명해주는 아주 중요한 의미를 담고 있다.

| 전문지식
실무경험 | + | **응용능력**
- 구체적인 개개의 사례
- 다른 분야에 적용 | = | 기술사 |

❶.❷ 기술사의 직무

■□■ 기술사가 필요한 분야의 종류 및 범위

기술사법에는 전문적인 응용능력을 필요로 하는 사항의 종류 및 범위를 대통령령으로 정하고 있으며, 이것을 바탕으로 기술사 자격종목이 구분되게 된다.

◉ 기술사법 제3조(기술사의 직무)
① 기술사는 과학기술에 관한 전문적 응용능력을 필요로 하는 사항에 대하여 계획·연구설계·분석·조사·시험·시공·감리·평가·진단·시험운전·사업관리·기술판단(기술감정)을 포함한다. 기술중재 또는 이에 관한 기술자문과 기술지도를 그 직무로 한다.

② 정부, 지방자치단체 및 「정부투자기관 관리기본법」 제2조의 규정에 따른 정부투자기관은 제1항의 규정에 따른 기술사 직무와 관련된 공공사업을 발주하는 경우에는 기술사를 사업에 우선적으로 참여하게 할 수 있다.

③ 기술사의 직무에 관하여 다른 법률에 특별한 규정이 있는 경우를 제외하고는 이 법의 규정에 의한다.

④ 제1항에 규정된 과학기술에 관한 전문적 응용능력을 필요로 하는 사항의 종류 및 범위는 대통령령으로 정한다.

▶ 과학기술에 관한 전문적 응용능력을 필요로 하는 사항

종류 및 범위(기술사법 제2조 관련, 기술사법 시행령[별표1])

종류	기술범위
기계분야	1. 기계제작 2. 산업기계설비 3. 공조냉동기계 4. 건설기계 5. 차량 6. 기계공정설계 7. 용접 8. 금형 9. 정밀측정 10. 철도차량
선박분야	조선
항공우주분야	1. 항공기체 2. 항공기관
금속분야	1. 철야금 2. 비철야금 3. 금속재료 4. 표면처리 5. 금속가공
전기전자분야	1. 발송배전 2. 전기응용 3. 철도신호 4. 산업계측제어 5. 전자응용 6. 전자계산기 7. 전기철도
통신정보처리분야	1. 정보통신 2. 정보관리 3. 전자계산조직응용
화학분야	1. 화공 2. 세라믹
섬유분야	1. 방사 2. 섬유공정 3. 염색가공 4. 생사 5. 의류
광업자원분야	1. 자원관리 2. 광해방지
건설분야	1. 토질 및 기초 2. 토목구조 3. 토목시공 4. 농어업토목 5. 토목품질시험 6. 항만 및 해안 7. 도로 및 공항 8. 철도 9. 교통 10. 수자원개발 11. 상하수도 12. 건축구조 13. 건축시공 14. 건축품질시험 15. 도시계획 16. 조경 17. 측량 및 지형공간정보 18. 지적 19. 건설안전 20. 화약류관리 21. 건축기계설비 22. 건축전기설비 23. 지질 및 지반

종류	기술범위
환경분야	1. 대기관리 2. 수질관리 3. 소음진동 4. 폐기물처리 5. 자연환경관리 6. 토양환경
농림분야	1. 식품 2. 농화학 3. 축산 4. 종자 5. 산림 6. 시설원예
해양수산분야	1. 해양 2. 수산양식 3. 어로 4. 수산제조
산업관리분야	1. 공장관리 2. 품질관리 3. 포장 4. 산업위생관리 5. 기계안전 6. 전기안전 7. 화공안전 8. 소방 9. 가스 10. 인간공학
응용이학분야	1. 제품디자인 2. 원자력발전 3. 방사선관리 4. 비파괴검사 5. 기상예보

■□■ 기술사 직무수행의 대가

기술사법에는 국가·지방자치단체 및「정부투자기관 관리기본법」제2조의 규정에 따른 정부투자기관은 기술사의 직무와 관련하여 적정한 대가를 지급하도록 노력하여야 한다고 되어 있으며, 엔지니어링기술 진흥법의 시행령에는 엔지니어링사업대가의 기준을 공고하여 기술자 등급 및 자격기준을 구분하고 이에 따른 엔지니어링기술자 인건비의 적용기준을 마련하여 제시하고 있다.

▶ 기술사법 제5조6(기술사 직무수행의 대가)

국가·지방자치단체 및「정부투자기관 관리기본법」제2조의 규정에 따른 정부투자기관은 기술사가 제3조의 규정에 따른 직무와 관련하여 설계도서·평가서·감정서·시제품·주형물 및 소프트웨어 등(이하 "설계도서 등"이라 한다)을 작성하거나 제작하는 경우에는 그 품질을 보장할 수 있도록 적정한 대가를 지급하도록 노력하여야 한다.

▶ 엔지니어링사업대가의 기준

한국엔지니어링진흥협회에서는 매년 엔지니어링업체 임금실태조사결과를 공표하고 있다.

종류	원자력발전	산업공장	건설 및 기타
기술사	402,579원	367,499원	325,979원
특급기술자	360,629원	324,978원	258,726원
고급기술자	299,132원	248,131원	203,802원
중급기술자	249,103원	208,469원	174,250원
초급기술자	189,727원	161,124원	131,853원

　2011년도 엔지니어링 기술자 노임단가를 살펴보면 기술사 시험이 가능한 중급기술자와 기술사간의 노임단가 차이가 원자력발전 부분은 1.62배, 산업공장과 건설 및 기타 부분은 각각 1.76배 및 1.87배나 된다.
　기술사를 취득하게 되면 급여, 교육, 인사 등 여러 가지 혜택이 있지만 무엇보다 가장 큰 혜택은 역시 기술력의 인정일 것이다.
　대부분의 기술사들이 명함에 직위와 함께 기술사임을 명기하고 있는데, 이는 대인관계에서도 신뢰성과 믿음을 주게 되므로 업무를 수행함에 있어 유리한 면이 크다.
　이러한 기술사의 자격취득을 위한 시험은 난이도와 경쟁률이 높기 때문에 자격을 취득하기가 대단히 어렵다. 무작정 공부를 시작하기보다는 관련 자료와 정보를 수집하고 계획을 세우는 등 사전에 준비를 철저히 하고 난 후 도전해야 좀 더 빨리 기술사가 될 수 있다.

2 기술사자격시험 응시자격

2.1 국가기술자격 정보체계 구축 및 운영

국가기술사법 제7조 국가기술자격 정보체계의 구축 등에 관한 법률 제 3항을 보면 "노동부장관은 정보체계를 구축·운영에 관한 업무의 전부 또는 일부를 대통령령이 정하는 자에게 대행하게 할 수 있다."라고 명시되어 있으며, 동법 시행령 제8조(국가기술자격 정보체계 구축 및 운영) 제2항에서 "대통령령이 정하는 자"란 한국산업인력공단법에 따라 설립된 한국산업인력공단(이하 "공단"이라 한다)을 말한다고 명기되어 있는 것처럼 기술사 시험의 검정업무는 한국산업인력공단에서 주관하고 있다.

한국산업인력공단에서 운영관리하는 큐넷 홈페이지를 통해 기술사 시험에 관한 각종 정보의 열람 및 기술사 시험의 응시와 합격 여부 등을 확인할 수 있다.

큐넷 홈페이지에는 기사 산업기사(전문사무 포함), 기능장, 기능사 필기 자격시험(실기 제외)에 대하여 매 회별 정기검정 시행일 다음날(10:00)부터 7일간 시행한 종목별 가답안을 공개하고 있으나, 기술사 필기자격 시험에 대한 가답안은 공개하고 있지 않으며, 매 회별 필기시험 합격자 발표일(09:00)부터 5년간 기술사 자격시험의 기출문제만 공개하고 있다.

국가기술검정업무를 해당분야 전문기관에서 수행토록 하는 정부방침에 따라 2010년부터 광해전문기관인 한국광해관리공단으로 이관되었다.

또한, 방사선관리기술사 및 원자력발전기술사의 경우 한국원자력안전기술원에서 검정업무를 수행하고 있다.

2.2 국가기술자격의 등급 및 응시자격

국가기술자격의 등급은 기술기능분야와 서비스분야로 구분하고 있으며, 이 중 기술기능분야의 경우 기술사, 기능장, 기사, 산업기사 및 기능사로 구분하고 있다. 국가기술자격의 응시자격에 관하여 필요한 사항은 대통령령으로 정하고 있다. 국가기술사법 시행령 제10조제2항에는 기술사 응시자격이 나와 있다. 기술사 시험의 응시자격은 모두 11개로 분류되어 있으며 응시자격을 제한하고 있다. 기술사 자격시험의 응시 전에 현재 나의 경력사항이 기술사 시험에 응시가 가능한지를 판단해보아야 한다.

▶ 건설기술자의 기술등급 및 인정범위

(건설기술관리법 시행령 제4조 건설기술자의 범위 관련)

기술등급	기술자격자	학력·경력자
특급기술자	• 기술사	–
고급기술자	• 기사의 자격을 취득한 자로서 7년 이상 건설공사업무를 수행한 자 • 산업기사의 자격을 취득한 자로서 10년 이상 건설공사업무를 수행한자	–
중급기술자	• 기사의 자격을 취득한 자로서 4년 이상 건설공사업무를 수행한 자 • 산업기사의 자격을 취득한 자로서 7년 이상 건설공사업무를 수행한 자	–
초급기술자	• 기사의 자격을 취득한 자 • 산업기사의 자격을 취득한 자	• 석사 이상의 학위를 취득한 자 • 학사학위를 취득한 자로서 1년 이상 건설공사업무를 수행한 자 • 전문대학을 졸업한 자로서 3년 이상 건설공사업무를 수행한 자 • 고등학교를 졸업한 자로서 5년 이상 건설공사업무를 수행한 자 • 국토해양부장관이 정하는 교육기관에서 1년 이상 건설기술 관련 교육과정을 이수한 자로서 7년 이상 건설공사업무를 수행한 자

기술·기능분야 국가기술자격 응시자격

(제10조제2항 관련 중 기술사, 국가기술자격법 시행령[별표1의2])

등급	응시자격
기술사	다음 각호의 어느 하나에 해당하는 자 1. 기사의 자격을 취득한 후 응시하고자 하는 종목이 속하는 직무분야(노동부령으로 정하는 유사직무분야를 포함한다. 이하 "동일직무분야"라 한다)에서 4년 이상 실무에 종사한 자 2. 산업기사의 자격을 취득한 후 응시하고자 하는 종목이 속하는 동일직무분야에서 6년 이상 실무에 종사한 자 3. 기능사의 자격을 취득한 후 응시하고자 하는 종목이 속하는 동일 직무분야에서 8년 이상 실무에 종사한 자 4. 응시하려는 종목이 속하는 동일직무분야의 다른 종목의 기술사등급의 자격을 취득한 자 5. 학졸업자등으로서 졸업후 응시하고자 하는 종목이 속하는 동일 직무분야에서 9년 이상 실무에 종사한 자[다만, 응시하고자 하는 종목과 관련된 학과로서 노동부장관이 정하는 학과(이하 "관련학과"라 한다)의 대학졸업자등은 7년 이상 실무에 종사하면 됨] 6. 3년제 전문대학졸업자등으로서 졸업후 응시하고자 하는 종목이 속하는 동일직무분야에서 9년6월 이상 실무에 종사한 자(다만, 관련학과의 3년제 전문대학졸업자등은 8년 이상 실무에 종사하면 됨) 7. 2년제 전문대학졸업자등으로서 졸업후 응시하고자 하는 종목이 속하는 동일직무분야에서 10년 이상 실무에 종사한 자(다만, 관련학과의 2년제 전문대학졸업자등은 9년 이상 실무에 종사하면 됨) 8. 국가기술자격의 종목별로 기사의 수준에 해당하는 교육훈련을 실시하는 기관으로서 노동부령이 정하는 교육훈련기관의 기술훈련과정(이하 "기사 수준의 기술훈련과정"이라 한다) 이수자로서 이수후 응시하고자 하는 종목이 속하는 동일직무분야에서 7년 이상 실무에 종사한 자 9. 국가기술자격의 종목별로 산업기사의 수준에 해당하는 교육훈련을 실시하는 기관으로서 노동부령이 정하는 교육훈련기관의 기술훈련과정(이하 "산업기사 수준의 기술훈련과정"이라 한다) 이수자로서 이수후 동일직무분야에서 9년 이상 실무에 종사한 자 10. 응시하고자 하는 종목이 속하는 동일직무분야에서 11년 이상 실무에 종사한 자 11. 외국에서 동일한 종목에 해당하는 자격을 취득한 자

3 검정방법

3.1 국가기술자격의 검정방법 및 검정기준

국가기술자격 검정별 소관주무부장관과 국가기술자격 검정의 기준·방법 및 절차에 관하여 필요한 사항은 대통령령으로 정하고 있으며(국가기술자격법 제10조 국가기술자격의 취득 등의 제2항), 동법 시행령 제14조(국가기술자격 검정의 기준 등) 제2항에 국가기술자격 검정의 방법은 필기시험·실기시험·면접시험 등으로 구분하고 있다.

검정의 기준에서 기술사와 기사간의 업무수행 능력의 차이점을 알 수 있다.

등급	검정의 기준
기술사	해당 국가기술자격의 종목에 관한 고도의 전문지식과 실무경험에 입각한 계획·연구·설계·분석·조사·시험·시공·감리·평가·진단·사업관리·기술관리 등의 업무를 수행할 수 있는 능력보유
기능장	해당 국가기술자격의 종목에 관한 최상급 숙련기능을 가지고 산업현장에서 작업관리, 소속기능인력의 지도 및 감독, 현장훈련, 경영자와 기능인력을 유기적으로 연계시켜 주는 현장관리 등의 업무를 수행할 수 있는 능력보유
기사	해당 국가기술자격의 종목에 관한 공학적 기술이론 지식을 가지고 설계·시공·분석 등의 업무를 수행할 수 있는 능력보유
산업기사	해당 국가기술자격의 종목에 관한 기술기초이론 지식 또는 숙련기능을 바탕으로 복합적인 기초기술 및 기능업무를 수행할 수 있는 능력보유
기능사	해당 국가기술자격의 종목에 관한 숙련기능을 가지고 제작·제조·조작·운전·보수·정비·채취·검사 또는 작업관리 및 이에 관련되는 업무를 수행할 수 있는 능력보유

답안 작성부분에서도 언급하겠지만, 기술사자격시험의 검정기준은 기사의 검정기준과는 다르므로 기술사자격시험의 응시자는 답안에 예비 기술사로서 기술사가 가져야 할 추가적인 업무능력을 확실히 지니고 있다는 것을 반드시 보여줘야 하는 것이다. 예를 들면 기술사 시험의 계산문제는 단순히 풀이과정과 정답만을 적어서는 기술사자격시험에 합격할 수가 없다.

기술사 계산문제는 분야별로 난이도의 차이는 있지만 너무 어려운 문제가 출제되는 경우는 드물다. 실제 실무에서도 어려운 계산과정은 사람이 하기보다는 대부분 컴퓨터 프로그램을 이용하게 된다. 기사시험과 같이 공학적 기술이론의 지식정도를 평가하는 것이 아니기 때문에 단순히 풀이과정과 답만을 적어서는 좋은 점수를 받을 수 없는 것이다.

구분	기술사	기사
기본사항	고도의 전문지식과 실무경험	공학적 기술이론 지식
공통업무 능력	실계 · 시공 · 분석	설계 · 시공 · 분석
추가업무 능력	계획 · 연구 · 조사 · 시험 · 시공 · 감리 · 평가 · 진단 · 사업관리 · 기술관리	–

③.❷ 국가기술자격의 종목별 시험과목

기술사 · 기능장 · 기능사 등급의 필기시험은 국가기술자격의 종목별로 시험과목을 구분하지 않고 있으나, 기사 · 산업기사등급의 필기시험 및 서비스분야의 필기시험은 해당 국가기술자격 종목의 시험과목별로 각각 실시하고 있다.

기술사자격시험의 경우 총 22개 기술분야에 대하여 각 자격종목별 필기시험 및 면접시험에 대한 시험과목을 규정하고 있다.

▶ 국가기술자격의 종목별 시험과목

기술분야	자격종목	시험과목
1. 기계	기계제작 기술사	절삭, 연마, 주조, 단조, 용접, 열처리, 기계제작법, 지그, 선반, 드릴링머신, 밀링머신, 연삭기, 프레스기, 정밀측정기기, 기타 금속공작기계와 목공기계에 관한 사항
	공조냉동기계 기술사	냉난방장치, 냉동기, 공기조화장치 및 기타 냉난방 및 냉동기계에 관한 사항
	철도차량 기술사	시스템으로서의 철도, 철도차량과 디젤동력차량, 전기동력차량, 객·화차, 고속전철 및 자기부상열차등 여러 가지 형태의 철도차량 설계, 운용 및 유지보수에 관한 사항
	차량기술사	자동차, 전기차량, 디젤차량 및 내연기관 기타 차량에 관한 설계, 제조, 관리기술에 관한 사항
	건설기계 기술사	토목기계, 포장기계, 준설선, 건설플랜트기계설비 및 기타 건설기계에 관한 사항
	기계공정설계 기술사	기계절삭가공 공정의 설계 및 공구류(치공구, 게이지, 절삭공구 및 금형)의 설계에 관한 사항
	용접기술사	용접법, 용접야금, 용접재료, 용접구조설계, 용접시공관리, 용접관련장치, 안전위생, 용접부검사, 용접에 관한 법규 및 규격, 기계공작법 및 생산관리에 관한 사항
	금형기술사	금형재료, 금형가공, 금형설계, 금형제작, 산업응용에 의한 금형설계 및 가공(CAD/CAM)에 의한 기계금형 전반에 관한 사항
	산업기계설비 기술사	금속제조, 산업기계, 섬유제조, 제지기계, 광산기계, 농작업 및 농산기계, 운반하역기계, 전기기계, 화공기계, 인쇄기계, 유체기계 및 기타 산업용도 기계에 관한 사항

기술분야	자격종목	시험과목
2. 금속	금속재료 기술사	철 및 비철재료 기타 금속재료의 특성, 열처리, 시험 및 이용에 관한 사항
	표면처리 기술사	도료, 용사, 침투, 금속부식방식, 비금속피복, 피복경화 및 방청, 기타 금속표면처리 기술에 관한 사항
	금속가공 기술사	주조, 단조, 압연, 용접 및 열처리, 기타 금속가공에 관한 기술과 시설에 관한 사항
	철야금 기술사	철강 및 합금강의 제조원리, 제련방법 및 제조시설에 관한 사항
	비철야금 기술사	금, 은, 동, 연, 아연 및 알루미늄 기타 비철금속의 제련방법, 정련방법과 그 합금방법 및 시설에 관한 사항
	비파괴검사 기술사	비파괴검사이론, 비파괴검사실무 및 장비, 금속가공학, 용접공학, 관련규격 및 법령에 관한 사항
3. 화공 및 세라믹	화공기술사	유기화합물, 무기화합물, 고분자제품 등을 생산하는 각종 화학설비의 설계, 제작, 운전 등의 전반적인 사항 및 화학공장 설립에 따른 사업계획, 사업성검토, 기본설계, 구매, 조달, 검사, 건설 및 사업관리에 관한 사항
	세라믹기술사	세라믹원료, 세라믹제조공정, 제품의 특성, 세라믹공장설계, 제조장치, 공장품질관리에 관한 사항
4. 전기	발송배전 기술사	발송배전설비의 계획과 운영, 발전설비, 송전설비, 배전설비, 변전설비, 기타 발송배전에 관한 사항
	건축전기설비 기술사	건축전기설비의 계획과 설계, 감리 및 의장, 기타 건축전기 설비에 관한 사항

기술분야	자격종목	시험과목
4. 전기	전기응용 기술사	직류기, 교류기, 변압기, 전력변환장치, 개폐기, 차단기, 제어기기, 보호기기, 전열전기화학, 전기철도, 조명, 자동제어 등과 고전압기술, 전동력응용, 전기응용기기, 전기응용장치 및 전기재료에 관한 사항
	철도신호 기술사	철도신호전기설비의 계획과 설계, 시공, 감리 및 기타 철도신호보안 전기설비에 관한 사항
	전기철도 기술사	전기철도설비의 계획과 설계, 시공, 감리, 기술지도, 유지관리, 안전진단 및 기타 전기철도 설비에 관한 사항
5. 전자	공업계측제어 기술사	자동제어, 전자기기, 공업계획, 전자측정 및 계장, 기타 계측기기 및 제어기기의 설계, 제조와 관리의 기술에 관한 사항
	전자응용 기술사	전자재료, 전자기기, 음향영상기기의 설계, 제조 및 관리기술에 관한 사항
	전자계산기 기술사	기억장치, 연산장치, 입출력장치, 보조기억장치 및 주변장치, 기타 전자계산기의 설계, 제조와 관리의 기술에 관한 사항
6. 통신	정보통신 기술사	무선, 유선통신망의 설계, 시공, 보전 및 음성, 데이터, 방송에 관계되는 통신방식, 프로토콜, 기기와 설비, 기술기준에 관계되는 사항
7. 조선	조선기술사	선박설계, 선박건조공학, 선박동력장치설계, 생산관리 및 기타조선에 관한 사항
8. 항공	항공기관 기술사	왕복기관, 터보프롭, 터보제트기관, 로켓기관 기타 동력장치 및 기계장치에 관한 사항
	항공기체 기술사	프로펠러기, 제트기 및 로켓과 기타 항공기의 기체에 관한 사항

기술분야	자격종목	시험과목
9. 토목	토질 및 기초 기술사	토질, 토질구조물 및 기초, 기타 토질과 기초에 관한 사항
	토목품질시험 기술사	토목재료의 특성, 용도, 시험 및 재료역학에 관한 사항과 기타 품질관리에 관한 사항
	토목구조 기술사	구조해석, 철골구조, 철근콘크리트구조, 콘크리트구조 및 시멘트제품 기타구조물에 관한 사항
	항만 및 해안 기술사	항만계획, 외곽시설, 접안시설, 입항 교통시설, 보안신호, 하역시설 및 해안의 보전 기타 항만과 해안에 관한 사항
	도로 및 공항 기술사	도로 및 교통, 도로구조물, 도로부대시설, 공항계획 및 공항부대시설 기타 도로와 공항에 관한 사항
	철도기술사	철도계획, 선로, 철도구조물, 정차장, 보안장치 및 운전계획 기타 철도에 관한 사항
	수자원개발 기술사	하천, 하천구조물, 댐, 수력구조물의 계획, 관리, 감리에 관한 사항
	상하수도 기술사	상수 및 공업용수계획, 취수, 송배수, 정수, 수질, 기타 상수도 및 수질 관리와 하수도계획, 하수처리, 폐수처리 및 오물처리 기타 하수도에 관한 사항
	농어업토목 기술사	관개배수, 경지정비, 개간, 간척 및 농지 보존에 관한 사항
	토목시공 기술사	시공계획, 시공관리, 시공설비 및 시공기계 기타 시공에 관한 사항
	측량 및 지형 공간정보 기술사	측량 및 측지, 지형공간정보의 계획, 관리, 실시와 평가 기타 측지 측량에 관한 사항

기술분야	자격종목	시험과목
10. 건축	건축구조 기술사	건축에 관한 구조의 계획, 계산 및 감리 기타 건축물의 구조에 관한 사항
	건축기계 설비기술사	건축기계설비의 계획과 설계, 감리 및 의장 기타 건축기계설비에 관한 사항
	건축시공 기술사	건축시공, 공정관리 및 적산에 관한 사항
	건축품질 시험기술사	건축재료의 특성, 용도, 시험, 검수관리 및 재료역학에 관한 사항과 기타 품질관리에 관한 사항
11. 섬유	방사기술사	합성섬유, 반합성섬유, 재생섬유 및 무기섬유 기타 섬유방사방법(스플릿 제조를 포함)과 그 방사기계 및 설비에 관한 사항
	섬유공정 기술사	방적, 제직 및 편조의 제조방법과 제조설비에 관한 사항
	염색가공 기술사	섬유제품의 정련표백, 염색 및 가공정리의 방법과 그 설비 및 처리에 관한 사항
	의류기술사	의류설계, 봉재과학, 피복환경, 피복재료학 및 섬유시험법에 관한 사항
12. 광업자원	자원관리 개발기술사	자원개발, 시설설비 및 운용, 평가, 기타 자원관리 및 처리에 관한 사항
	화약류관리 기술사	화약학, 발파학, 암석역학, 굴착공학 및 지반공학, 암석학, 화약류취급 및 발파에 관한 사항
	광해방지 기술사	광산환경과 관련된 일반 지식, 광산 사면 및 굴착 공학, 오염물 탐지공학, 광산 주변 오염 현상에 대한 이해 및 복구, 처리 기술 등 광해에 대한 분석, 광해방지 계획, 설계, 시행에 관한 사항

기술분야	자격종목	시험과목
13. 정보처리	정보관리 기술사	정보의 구조, 수집, 정리, 축적, 검색 등 정보시스템의 설계 및 수치계산, 기타 정보의 분석, 관리 및 기본적인 응용에 관한 사항
	전자계산조직 응용기술사	하드웨어시스템, 소프트웨어시스템에 관한 분석, 설계 및 구현, 기타 컴퓨터 응용에 관한 사항
14. 국토 개발	도시계획 기술사	도시구성, 토지이용, 도시개발 및 각종 단지의 계획과 설계, 기타 도시 및 지역의 계획, 통제에 관한 사항
	조경기술사	환경보전, 산림보전, 공원녹지, 공지, 조경 및 도시경관 등의 계획과 관리에 관한 사항
	지적기술사	지적측량에 관한 계획, 관리, 실시와 평가, 기타 지적에 관한 사항
	지질 및 지반 기술사	지질 및 지반조사·평가·분석, 지하자원 조사, 지진측정·평가·분석, 지하수 조사, 지구물리탐사, 기타 지질 및 지반설계, 감리 등에 관한 사항
15. 농림	종자기술사	종자의 생산, 관리, 보증과 육종에 관한 사항
	시설원예 기술사	원예시설의 설계, 설치, 시설 내의 환경조절 및 재배관리에 관한 사항
	산림기술사	조림 및 육림, 산림경영, 산림토목, 임목의 수확 및 임업기계에 관한 사항
	축산기술사	가축육종, 번식, 영양, 생리, 사양, 사료작물, 초지, 가축생산 및 축산경영에 관한 사항
	임산가공 기술사	목재의 생산, 가공, 개량 기타 임산제품의 제조, 가공, 계획, 관리 및 검사에 관한 사항
	농화학 기술사	비료, 토양 및 농약에 관한 계획과 운영, 기타 농화학에 관한 사항

기술분야	자격종목	시험과목
16. 해양	해양기술사	해양생물, 해양지질, 해양화학, 해양물리, 해양자원 및 해양공학, 기타 해양부분의 조사/평가 및 계획 등에 관한 사항
	수산양식 기술사	어류양식, 무척추동물양식, 해조류양식 및 어패류질병에 관한 사항
	어로기술사	어구재료, 어업기기, 어법, 수산자원, 수산해양, 어구, 어업생태, 어법물리, 어장 및 해양생산관리에 관한 사항
	수산제조 기술사	수산식품의 제조 및 가공, 생산계획, 냉동 및 냉장, 생산공정의 설계에 관한 사항
17. 산업 디자인	제품디자인 기술사	제품디자인의 계획, 방법, 마케팅 및 제품의 설계, 생산관리, 기타 제품디자인에 관한 사항
18. 에너지	원자력발전 기술사	원자로이론, 열수력학, 원자로재료, 방사성 폐기물처리, 원자력발전의 경제성, 원자로 계측제어, 기타 원자력발전소 운전관리에 관한 사항
	방사선관리 기술사	방사선원리, 보건물리, 방사선 폐기물처리, 방사선 계측에 관한 사항
19. 안전 관리	기계안전 기술사	산업안전관리론(사고원인분석 및 대책, 방호장치 및 보호구, 안전점검요령), 산업심리 및 교육(인간공학), 산업안전관계법규, 기계공업의 안전운영에 관한 계획, 관리, 조사, 기타 산업기계안전에 관한 사항
	화공안전 기술사	산업안전관리론(사고원인분석 및 대책, 방호장치 및 보호구, 안전점검요령), 산업심리 및 교육(인간공학), 산업안전관계법규, 화학공업의 안전운영에 관한 계획, 관리, 조사, 기타 화공안전에 관한 사항

기술분야	자격종목	시험과목
19. 안전 관리	전기안전 기술사	산업안전관리론(사고원인분석 및 대책, 방호장치 및 보호구, 안전점검요령), 산업심리 및 교육(인간공학), 산업안전관계법규, 전기공업의 안전운영에 관한 계획, 관리, 조사, 기타 전기안전에 관한 사항
	건설안전 기술사	산업안전관리론(사고원인분석 및 대책, 방호장치 및 보호구, 안전점검요령), 산업심리 및 교육(인간공학), 산업안전관계법규, 건설산업의 안전운영에 관한 계획, 관리, 조사, 기타 건설안전에 관한 사항
	산업위생관리 기술사	산업위생학, 산업환기, 작업환경측정 및 평가 방법, 작업환경 관리에 관한 사항
	소방기술사	화재 및 소화이론(연소, 폭발, 연소생성물 및 소화약제 등), 소방수리학 및 화재역학, 소방시설의 설계 및 시공, 소방설비의 구조원리(소방시설 전반), 건축방재(피난계획, 연기제어, 방·내화설계 및 건축재료 등), 화재, 폭발 위험성 평가 및 안정성 평가(건축물 등 소방대상물), 소방관계법령에 관한 사항
	가스기술사	안전관리일반(사공원인 분석, 대책, 점검 및 조사방법), 산업안전공학, 가스관계 및 산업안전관계법규, 고압가스설계와 시공 및 가스공업의 안전운영에 관한 계획 및 관리와 조사, 기타 안전에 관한 사항
	인간공학 기술사	인간공학개론, 작업생리학, 산업심리학, 관계법규, 근골격계질환 예방을 위한 작업관리 등 인간공학 기술에 대한 분석, 계획, 설계, 시행에 관한 사항

기술분야	자격종목	시험과목
20. 환경	대기관리 기술사	대기오염의 현상과 계획, 관리, 방지 및 측정기술에 관한 사항
	수질관리 기술사	폐수 및 폐기물처리, 토양, 하천 및 해양오염, 기타 환경오염의 현상, 계획 및 관리, 방지에 관한 사항
	소음진동 기술사	소음진동의 현상 및 계획, 관리, 방지 및 측정기술에 관한 사항
	폐기물처리 기술사	생활 및 산업폐기물의 관리계획과 처리, 처분 및 재활용에 관한 사항
	자연환경관리 기술사	경관생태학, 자연환경계법규, 생태복원공학, 환경생태관리론, 환경계획학, 자연환경 조사/보전 및 복원계획·시공에 관한 사항
	토양환경 기술사	부지환경 평가방법, 토양 및 지하수오염정화기술, 환경경영론, 토양오염 공정 시험방법, 토양 및 지하수환경관계법규, 토양 및 지하수 환경관리, 토양 및 지하수 오염정화 및 복구 등에 관한 사항
21. 산업 응용	공장관리 기술사	공장계획 및 설계, 공장조직, 생산계획 및 통제(공정관리), 설비 및 공구관리, 자재 및 운반관리, 작업관리, 경제성공학, 원가관리, 계기관리와 오퍼레이션리서치 기타 공장관리에 관한 사항
	품질관리 기술사	품질계획 및 설계, 품질관리조작, 통계적 품질관리, 품질원가관리 및 산업표준화, 기타 품질관리에 관한 사항
	포장기술사	포장의 계획 및 설계, 포장방법, 포장재료 및 포장설비 기타 포장에 관한 사항
	기상예보 기술사	실황예보, 단기예보, 중/장기예보, 산업기상예보 및 그 응용에 관한 사항
	식품기술사	식품의 생산가공, 식품산업의 계획, 식품의 보존, 저장, 평가 및 검사 등에 관한 사항
22. 교통	교통기술사	교통계획, 교통경제, 교통류이론, 교통조사, 교통운영 및 설계, 교통안전 및 공해, 토지이용계획 기타 교통공학에 관한 사항

아래의 금속분야 비파괴검사기술사 및 화공 및 세라믹분야 화공기술사의 시험과목별 세부 출제영역에서 보듯이 기술사자격시험은 기사자격시험과 달리 관련분야의 전공서적에만 국한된 것이 아니라 기준, 규격, 표준, 지침, 이슈, 신기술, 관련법 등 해당 직무분야와 관련된 모든 영역이 출제영역이라 보면 될 듯하다.

▶ 국가기술자격의 종목별 시험과목

직무분야	금속	자격 종목명	비파괴검사기술사
시험과목	비파괴검사이론, 비파괴검사실무 및 장비, 금속가공학, 용접공학, 관련규격 및 법령에 관한 사항			
주요 출제영역	세부 출제영역			
1.비파괴검사이론	1. 최근 국내·외 비파괴검사기술의 현황과 이슈 등 　– 첨단 신기술의 출현, 이슈 등 2. 비파괴검사 결과의 신뢰도 평가 　– 결함검출확률(POD), 신뢰도평가방법 3. 결함특성과 NDE 　– 결함특성과 유해도, 보수검사에서의 결함특성 　– 인공결함의 설계와 모델링 4. 각종 범용 및 첨단 비파괴검사법의 원리와 특징 　(RT, NRT, UT, MT, PT, ET, AT, TT, VT, LT, SM 등) 　– 관련 이론 　– 검사기법의 원리 및 특징, 적용한계 등 　– 결함평가(검출, 크기) 기법 　– 재료특성평가 　– 열화 손상 평가 5. 비파괴검사 원용 기술 　– 수치해석, 모델링 　– 신호해석, 화상처리, Tomography 등 　– 검사공정의 자동화, expert system, neural network 등			
2. 비파괴검사 실무 및 장비	1. 각종 범용 및 첨단 비파괴검사 기법 및 적용 　– RT/UT 등의 기술 및 적용 구분 등 　– 기기·구조물 등에서 비파괴시험의 적용 　– 특정 검사장비의 현장 적용 유용성 등 　– 탐상검사 결과의 해석/판정, 후속 결과 조치 등 실무 2. 검사대상 선정 및 수명평가 　– RBI, RIISI 등 　– 수명예측, 수명연장 등			

직무분야	금속	자격 종목명	비파괴검사기술사

2. 비파괴검사 실무 및 장비	3. 각종 범용 및 첨단 비파괴검사 장치(시스템)의 특징 　(RT, NRT, UT, MT, PT, ET, AT, TT, VT, LT, SM 등) 　- 검사시스템의 구성과 성능측정(calibration)방법 　- 표준/대비/Mock-Up시험편의 설계/제작/활용 등 4. 센서의 종류와 특징 　- 센서의 설계 및 제작 　- 센서의 성능측정 및 평가 　- 센서의 응용 5. 각종 범용(첨단) 비파괴검사 장치(시스템)의 개발/적용 6. 비파괴검사 방법의 기술문서(절차서 등) 작성 　- 검사절차서 작성 7. 안전위생 및 관리 실무 　- 안전관리 및 관련 법규 　- 국내·외 안전위생 관련 규격
3. 금속가공학	1. 고체역학 　- 응력과 변형률 　- 연성파괴 　- 취성파괴 등 2. 재료의 가공 　- 금속의 소성변형 기구 　- 1차 가공(주조, 단조, 압연, 압출, 인발, 성형가공 등) 　- 2차 가공(기계가공, 가공경화, 열처리 등) 　- 각종 가공결함의 특징 3. 신소재의 가공 및 특성 　- 복합재료(FRP, GFRP 등) 　- 세라믹 등 4. 파괴역학 　- 결함의 유해성과 응력집중(노치) 　- 파괴모드(균열변형의 3가지 모드 등) 　- 응력확대계수(stress intensity factor) 등 　- 균열의 발생기구, 파면해석 등 　- 피로파괴, 크리프파괴 등 　- 사용 중 결함의 발생과 특성
4. 용접공학	1. 용접·접합 공정 및 기기 　- 각종 용접법의 종류와 특징 　　(아크용접, 가스용접, 특수용접, 압접, 절단, 납땜 등) 2. 용접·접합 열영향부의 역학적 성질 　- 용접열영향부(HAZ) 　- 연속냉각변태곡선(CCT Curve) 등 3. 용접이음의 강도와 파괴 　- 용접이음의 불안정파괴/ 피로파괴 등 4. 용접설계 및 시공/관리 　- 용접이음의 설계 및 강도계산 등 4. 용접학 5. 용접(잔류)응력과 용접변형 　- 발생원인 및 방지책 등 6. 각종 용접결함의 종류와 특징 등

직무분야	금속	자격 종목명	비파괴검사기술사

4. 용접공학	7. 용접균열 　- 용접균열의 분류, 발생원인 　- 용접 균열 감수성(저온균열, 고온균열, 라말라티어) 　- 용접균열과 수소, 방지책 등 8. 용접부의 시험과 검사 　- 용접성시험(파괴, 비파괴시험)
5. 관련규격 및 　법령에 관한 사항	1. 비파괴검사 국제표준화 활동 및 내용 　- 국제표준의 제·개정 절차 등 　- 국제 규격의 부합화 등 　- ISO TC 135, TC 44 등 　- ISO TC 135 SC 2, 3, 4, 5, 6, 7, 8, 9 　- 비파괴검사기술자 자격인정 및 인증 2. 각종 범용 및 첨단 비파괴검사 관련 규격의 종류와 특징 　- 단체규격(KEPIC, ASME, ASTM, API, AWS 등) 　- 국가규격(KS, JIS, BS 등) 　- 국제규격(ISO, IEC, ITU 등) 3. 각종 범용 및 첨단 비파괴검사 관련 규격 및 법령 　- 안전 관련 법령 　- 각종 범용(첨단) 비파괴검사 관련 규격의 실무 적용 사례 　 (RT, NRT, UT, MT, PT, ET, AT, TT, VT, LT, SM 등) 　- 검사의 표준, 방법, 결함의 분류 및 판정 등 　- 방사선 안전 관련 법령

　화공기사의 필기시험 과목은 화공열역학, 화학공업양론, 단위조작, 공정제어, 공업화학, 반응공학의 6개 항목이며, 실기시험은 화학장치운전 및 화학제품과 관련된 실무이다. 화공기술사의 시험과목별 주요 출제영역과 세부 출제영역에서 보듯이 전공서적뿐만 아니라 규정, 지침, 기준, 법령 등 답안을 완성하기 위하여 해당 직무분야와 관련하여 공부하여야 하는 영역이 포괄적이며 광범위하다는 것을 알 수 있다.

　실제 업무를 수행함에 있어서도 관련분야에 아무리 오랜 기간 동안 종사하였다고 하여도 기술사자격시험과 관련된 시험과목 전 분야의 업무에 해박한 지식을 가지고 있으며, 해당분야를 모두 수행한 경험이 있는 기술자는 많지 않을 것이다.

기술사 시험의 답안 작성 시에는 해당 직무분야의 모든 출제영역에 대하여 고도의 전문지식을 가지고 있으며, 경험이 풍부한 기술자로 보여야한다. 그렇게 보이기 위하여 필요한 것이 바로 응용능력인 것이며, 응용능력을 보유한 자가 기술사 자격시험에 합격하게 되는 것이다.

```
┌──────────┐      ┌─────────────────────┐
│  응용능력  │  ⇒   │ - 구체적인 개개의 사례 │
└──────────┘      │ - 다른 분야에 적용    │
                  └─────────────────────┘
```

직무분야	화공 및 세라믹	자격 종목명	화공기술사
시험과목	유기·무기화합물, 고분자제품, 정밀화학제품 등을 생산하는 각종 화학설비 및 화학공장설립에 따른 사업계획, 사업성 검토, 설계, 구매, 조달, 검사, 건설, 공정묘사(Process Simulation), 공장설립에 관한 인·허가업무, 관련 법률, 엔지니어링 문서 해석 및 안전관련 사항		
주요 출제영역	세부 출제영역		
1. 유·무기화합물 화학공장 설립에 따른 사업계획, 사업성 검토	1. 타당성 검토(Feasibility study) 2. 사업일정(Project Schedule) 3. 화학공장 설립을 위한 사업검토 시 공장입지 선택 4. 화학공장 설립과 관련된 비용 편익 분석 5. 화학공장 증설, 변경 사업계획		
2. 공장설계, 구매, 조달, 건설, 공정묘사	1. 공정설계개념 2. 물질수지 및 에너지 수지 3. 화학공정 운전제어 설계 4. 구매절차(Procurement procedure) 5. 계약(Contract)		
3. 공장설립에 관한 인허가 관련 사항	1. 수질, 대기 등 유해물질 관리 및 환경관련 법규 2. 공정 안전 및 환경 관리를 위한 사전 안전성 심사 3. 화학설비·장치의 법정 검사		
4. 엔지니어링 문서해석 및 안전관련 사항	1. 공정흐름도(PFD) 및 배관&계장도(P&ID) 해석 2. 운전을 위한 제어장치 설계 해석 3. 화학공장의 위험성 평가 4. 화학공장의 화재폭발 예방대책 5. 장치 설계 및 선정(Equipment Selection) 6. 화학공장의 환경 대책		

| 직무분야 | 화공 및 세라믹 | 자격 종목명 | 화공기술사 |

5. 화학공장운전	1. 시운전단계에서 검토사항 2. 연속공정과 회분식공정의 운전 특성 3. 화학공정 운전 및 제어 4. 연차보수 계획, 수행 및 재운전 절차 5. 화학장치 · 설비 보전 6. 화공기본이론
6. 화공기본이론	1. 열역학 2. 반응공학 3. 증류시스템 등 분리공학 4. 열교환 원리 5. 유체역학 6. 사이크론 유동층 건조시스템 7. 공정묘사 8. 에너지공학

3.3 국가기술자격 검정의 시행

국가기술자격 검정의 시행과 관련하여 주무장관은 매년 1회 이상 국가기술자격검정을 시행토록 되어 있으며, 다만 ① 당해 국가기술자격 종목의 검정을 받을 자가 아주 적거나 없을 것으로 예측되는 경우 또는 ② 당해 국가기술자격 종목의 국가기술자격취득자가 산업수요에 비하여 과다한 경우, ③ 당해 국가기술자격 종목의 실기시험에 필요한 시설이 미비한 경우는 예외로 두고 있다. 기술사자격시험의 경우 위의 ①과 ②의 경우로 인하여 당해 기술자자격검정의 횟수 및 합격자 수가 정해진다.

국가기술자격 검정의 방법은 필기시험 · 실기시험 · 면접시험 등으로 구분되며 기술사자격시험의 경우 1차 필기시험은 단답형 또는 주관식 논술형, 2차의 경우 구술형 면접시험으로 이루어지고 있다.

자격등급	검정방법	
	필기시험	면접시험 또는 실기시험
기술사	단답형 또는 주관식 논술형	구술형 면접시험
기능장	객관식	작업형 실기시험
기사	객관식	작업형 실기시험
산업기사	객관식	작업형 실기시험
기능사	객관식	작업형 실기시험

3.4 부정행위의 기준

국가기술자격법에서는 10가지 사항에 대한 부정행위 기준을 마련하고 있으며, 부정행위로 인하여 국가기술자격 검정의 정지 또는 무효처분을 받은 경우 그 처분이 있는 날부터 3년간은 기술사자격시험의 응시를 제한하고 있다.

부정행위의 기준 중 9의2.에서 제시하는 기기를 보면 보통 한두 개 이상 소지하지 않는 사람은 없을 것이다. 이 기기들은 시험장에 반입이 불가하므로 주의하여야 한다.

▶ 부정행위 기준
1. 시험 중 다른 수험자와 시험과 관련된 대화를 하는 행위
2. 답안지를 교환하는 행위
3. 시험 중에 다른 수험자의 답안지 또는 문제지를 엿보고, 자신의 답안지를 작성하는 행위
4. 다른 수험자를 위하여 답안을 알려주거나 엿보게 하는 행위

5. 시험 중 시험문제 내용과 관련된 물건을 휴대하여 사용하거나 이를 주고받는 행위
6. 시험장 내외의 자로부터 도움을 받고 답안지를 작성하는 행위
7. 사전에 시험문제를 알고 시험을 치르는 행위
8. 다른 수험자와 성명 또는 수험번호를 바꾸어 제출하는 행위
9. 대리시험을 치르거나 치르게 하는 행위
9의2. 수험자가 시험기간 중에 통신기기 및 전자기기[휴대용전화기, 휴대용 개인정보단말기(PDA), 휴대용 멀티미디어 재생장치(PMP), 휴대용 컴퓨터, 휴대용 카세트, 디지털카메라, 음성파일 변환기(MP3), 휴대용 게임기, 전자사전, 카메라펜, 시각표시 외의 기능이 부착된 시계]를 사용하여 답안지를 작성하거나 다른 수험자를 위하여 답안을 송신하는 행위
10. 그 밖에 부정 또는 불공정한 방법으로 시험을 치르는 행위

4. 기술사자격시험 운영

4.1 시험위원(시험위원의 자격)

국가기술자격법 시행령에 주무부장관이 필기시험 또는 실기시험을 시행하는 때에는 국가기술자격의 종목별로 2인 이상의 출제위원을 위촉하되, 산업현장의 경험이 풍부한 자를 우선적으로 위촉하여야 한다고 되어 있다. 필기시험을 시행하는 경우 국가기술자격의 종목별로 2인 이상(논술형 필기시험의 경우에는 3인 이상)의 채점위원을 위촉하도록 되어 있다. 면접시험을 시행하는 때에도 국가기술자격의 종목별로 3인 이상의 면접위원을 위촉하도록 되어 있다. 이렇듯 기술사자격시험은 1차 필기시험의 출제 및 채점 그리고 면접시험에 있어 시험위원을 3인으로 하여 운영하고 있으며 시험위원의 구성은 전문분야에 대한 경력과 경험이 많은 업계의 임원 이상 간부 또는 대학교수로 이루어져 있다.

▶ 시험위원의 자격

구분	기술사 · 기능장
출제위원, 채점위원 및 면접위원	1. 해당 직무분야의 박사학위, 기술사 또는 기능장의 기술자격이 있는 자 2. 대학에서 해당 직무분야의 조교수 이상으로 2년 이상 재직한 자 3. 전문대학에서 해당 직무분야의 부교수 이상 재직한 자 4. 해당 직무분야의 석사 학위가 있는 자로서 당해 기술과 관련된 분야에 5년 이상 종사한 자 5. 해당 직무분야의 학사학위가 있는 자로서 당해 기술과 관련된 분야에 10년 이상 종사한 자 6. 제1호 내지 제5호에 해당하는 자와 동등 이상의 자격이 있다고 인정되는 자

4.2 합격결정기준

기술사자격시험은 필기시험 및 면접시험의 합격결정기준을 100점을 만점으로 하여 60점 이상으로 하고 있다. 기사 및 산업기사 등급의 국가기술자격 검정에서는 필기시험의 합격 결정기준을 1과목당 100점을 만점으로 하여 매 과목당 40점 이상 전 과목 평균 60점 이상으로 하고 있으나, 기술사자격시험의 경우 이와 같은 과락적용은 없다.

기술사의 필기시험 채점은 채점위원 3인이 각각 채점한 후 교시별 득점을 합한 총점(교시별 100점×3인×4교시=1,200점)을 100점 만점으로 환산하여 60점 이상(총점 720점 이상)을 합격자로 결정하고 있다.

기술사자격시험의 경우 기사 및 산업기사 등급의 국가기술자격 검정에서 채택하고 있는 절대평가방식의 채점방식이 아니라, 상대평가 방식을 채택하고 있으므로 60점이란 점수는 기술사자격시험에 합격하기 위한 기준일 뿐 점수로서의 의미는 적다고 생각된다. 이것은 기술사자격시험 응시자 중 1차 합격자의 대부분이 60점대이며 70점 이상의 고득점자 수가 적다는 점에서도 알 수 있다.

4.3 검정의 일부 합격 인정

국가기술자격 검정의 필기시험에 합격한 자에 대하여 해당 필기시험에 합격한 날부터 2년간 해당 국가기술자격 종목의 필기시험을 면제하고 있다. 다만, 해당 필기시험에 합격한 날부터 2년 동안 검정이 2회 미만으로 시행된 경우 그 다음에 이어지는 해당 필기시험 1회를 면제하고 있다.

연간 3회의 필기시험이 치러지는 종목의 경우 여섯 번의 면접시험 기회가 주어지며, 연간 2회의 필기시험이 치러지는 종목의 경우 네 번, 그리고 연간 1회의 필기시험이 치러지는 종목의 경우 세 번의 면접시험 기회가 주어지는 것이다.

기술사자격을 취득하기 위해서는 1차 필기시험 및 2차 면접시험을 모두 합격하여야 한다는 사실을 알고는 있지만, 1차 필기시험의 준비과정과 합격이 워낙 어렵기 때문에 1차 합격이 발표되고 나면 회사 동료들과 가족들의 축하 속에서 모두 끝났다는 마음이 들 수도 있다.

그러나 1차 필기시험에 합격한 후 2차 면접시험에서 불합격되어 다음 2차 면접시험을 기다리는 상황이 된다면, 이미 주위에서는 기술사 자격취득이 기정사실화되어 있는 것처럼 여겨지지만 실제로 아직 기술사는 아니기 때문에 1차 필기시험에 합격하기를 바라던 때와는 또 다른 중압감을 느끼게 된다.

그러므로 2차 면접시험은 2년 만에 합격하면 된다는 안일한 생각보다는 부단한 연습을 통하여 1차 필기시험 합격 후 가능한 빠른 회에 합격하는 것을 목표로 최종합격의 날까지 쉬지 않고 최선의 노력을 다해야 할 것이다.

2011년 기술사자격검정 시험은 총 86개 종목 중 13개 종목이 3회, 32개 종목이 2회 시행되며 41개 종목은 1회만 시행되었다. 회별로 시행종목이 다르기 때문에 반드시 회별 시행종목을 확인하고 기술사자격시험을 준비하여야 한다.

▶ 기술사 종목별 시험 횟수

직무분야	종목명	시험횟수	직무분야	종목명	시험횟수
안전관리	가스	2회/년	환경	대기관리	2회/년
기계	건설기계	2회/년	토목	도로 및 공항	3회/년
안전관리	건설안전	3회/년	국토개발	도시계획	3회/년
건축	건축구조	3회/년	전기	발송배전	2회/년
건축	건축기계설비	3회/년	섬유	방사	1회/년
건축	건축시공	3회/년	금속	비철야금	1회/년
전기	건축전기설비	3회/년	금속	비파괴검사	1회/년
건축	건축품질시험	1회/년	농림	산림	2회/년
산업응용	공장관리	1회/년	전자	산업계측제어	1회/년
기계	공조냉동기계	2회/년	기계	산업기계설비	1회/년
교통	교통	2회/년	안전관리	산업위생관리	2회/년
금속	금속가공	1회/년	토목	상하수도	3회/년
금속	금속재료	1회/년	섬유	섬유공정	1회/년
기계	금형	1회/년	화공 및 세라믹	세라믹	1회/년
기계	기계공정설계	1회/년	안전관리	소방	3회/년
안전관리	기계안전	1회/년	환경	소음진동	2회/년
기계	기계제작	1회/년	해양	수산양식	1회/년
산업응용	기상예보	1회/년	해양	수산제조	1회/년
토목	농어업토목	2회/년	토목	수자원개발	2회/년
환경	수질관리	1회/년	농림	농화학	2회/년
농림	시설원예	1회/년	기계	차량	2회/년
산업응용	식품	2회/년	토목	철도	3회/년
해양	어로	1회/년	전기	철도신호	2회/년
섬유	염색가공	1회/년	기계	철도차량	2회/년
기계	용접	2회/년	금속	철야금	1회/년

▶ 기술사 종목별 시험 횟수

직무분야	종목명	시험횟수	직무분야	종목명	시험횟수
섬유	의류	1회/년	농림	축산	1회/년
안전관리	인간공학	1회/년	토목	측량 및 지형공간정보	2회/년
환경	자연환경관리	2회/년	토목	토목구조	3회/년
광업자원	자원관리	1회/년	토목	토목시공	3회/년
안전관리	전기안전	2회/년	토목	토목품질시험	2회/년
전기	전기응용	1회/년	환경	토양환경	3회/년
전기	전기철도	2회/년	토목	토질 및 기초	3회/년
전자	전자계산기	1회/년	환경	폐기물처리	2회/년
정보처리	전자계산조직응용	2회/년	산업응용	포장	1회/년
전자	전자응용	1회/년	금속	표면처리	1회/년
정보처리	정보관리	2회/년	산업응용	품질관리	2회/년
통신	정보통신	2회/년	항공	항공기관	1회/년
산업디자인	제품디자인	1회/년	항공	항공기체	1회/년
국토개발	조경	2회/년	토목	항만 및 해안	2회/년
조선	조선	1회/년	해양	해양	1회/년
농림	종자	1회/년	화공 및 세라믹	화공	1회/년
국토개발	지적	2회/년	안전관리	화공안전	1회/년
국토개발	지질 및 지반	2회/년	광업자원	화약류관리	1회/년

국가기술자격의 폐지, 신설, 통합에 따라 기계공정설계기술사 및 기계제작기술사와 같은 유사 자격은 1년간의 유예기간을 거쳐 2012년 1월 1일부터 통합된다.

등급	종목명	
	통합전	통합후
기술사 (9→4종목)	기계공정설계기술사, 기계제작기술사	기계기술사
	철야금기술사, 비철야금기술사	금속제련기술사
	전자계산기기술사, 전자계산기조직응용기술사	컴퓨터시스템응용기술사
	방사기술사, 염색가공기술사, 섬유공정기술사	섬유기술사

2009년도 12월 말까지는 기술사 필기시험에 대하여 미국과 캐나다 각주 기술사법에 따라 국내 기술사에 준하는 외국자격증을 취득한 경우 필기시험을 면제하였으나, 2010년부터는 이러한 기술사 필기시험 면제가 폐지되었다.

국가	외국 자격	관계법령	면제 범위	비고
미국	P.E. (Professional Engineer License)	각주 기술사법	기술사 필기시험 면제	
미국	L.A. (Landscape Architect License)	각주 기술사법	기술사 필기시험 면제	2010년부터 폐지
캐나다	P.E. (Professional Engineer License)	각주 기술사법	기술사 필기시험 면제	

4.4 합격인원의 예정선발

기술사 합격자를 선발하는 과정에서 종목별로 응시인원에 따라 합격자 수가 크게 차이가 나는 것을 알 수 있다. 국가기술자격법 시행령 제22조에는 합격 결정기준의 예외와 관련된 조항이 있다.

주무부장관은 국가기술자격 취득자가 현저히 부족한 경우 해당 국가기술자격의 종목에 대하여 제20조의 규정에 의한 합격결정기준에 불구하고 노동부령이 정하는 바에 따라 합격인원을 예정하여 선발할 수 있다.

또한, 동법 시행규칙 제26조 합격인원 예정선발과 관련하여 주무부장관은 국가기술자격 합격인원 예정선발심의요청서에 관련 자료를 첨부하여 국가기술자격정책심의위원회의에 심의를 요청하게 되어 있다.

합격 결정기준의 예외사항 및 예정선발심의 요청서 내용 등을 살펴보면 국가기술자격증에 대한 국가적인 수요와 공급의 법칙이 성립되어 운영된다는 것을 알 수 있다.

이러한 수급상황에 따라 국가기술자격자가 부족한 상황이 발생하지 않도록 당해 필기시험의 문제 난이도 및 채점 또는 면접시험 등에 영향을 줄 수 있음을 알 수 있다.

▶ 예정선발심의요청서 내용
1. 합격인원 예정선발의 필요성
2. 국가기술자격의 종목별 기술인력의 수급상황
3. 합격예정인원   4. 해당 국가기술자격 종목의 검정실적
5. 해당 국가기술자격 종목의 기술인력의 고용관계 등을 규정하고 있는 관계법령의 내용
6. 검정의 시행시기

④.❺ 합격자의 공고

검정을 시행하는 수탁기관은 국가기술자격의 검정시행결과를 매 분기 다음달 10일까지 주무부장관 및 노동부장관에게 통보를 하여야 한다. 이 경우 기술사 등급에 관한 검정시행결과는 교육과학기술부장관에게도 통보를 하여야 한다.

기술사자격시험은 검정종료 후 60일 이내에 합격자를 공고하게 되어 있으며, 공고는 원서접수기관에 게시하거나 인터넷, 자동응답전화 등 통신매체를 이용하고 있다.

기술사 필기시험의 경우 합격예정자는 당회 실기시험 원서접수 첫날부터 8일 이내(토·공휴일 제외)에 소정의 응시자격서류(졸업증명서, 공단 경력증명서, 근로기준법 제39조에 따른 사용증명서, 자체 경력증명서 등)를 제출하여야 하며 지정된 기간 내에 제출하지 아니할 경우에는 필기시험 합격예정이 무효가 되니 주의해야 한다.

○ 근로기준법 제39조에 따른 사용증명서, 자체 경력증명서는 재직기간, 소속, 직위 및 담당 업무의 내용이 구체적으로 기재된 것에 한함
○ 제출된 응시자격서류는 D/B로 구축하여 보관·관리하므로 응시자격서류 제출기간 이전에도 제출할 수 있음(단, 경력서류는 4대보험 가입증명서 중 1가지를 첨부해야만 함)

5 기술사자격시험 응시안내

5.1 검정업무의 대행기관

국가기술자격법 검정업무는 한국산업인력공단에서 대행하고 있다. 한국산업인력공단은 국가기술자격시험과 관련하여 자격시험 계획 수립 및 제도개선, 자격시험의 출제 및 관리, 자격취득자 관리의 업무를 수행하고 있다.

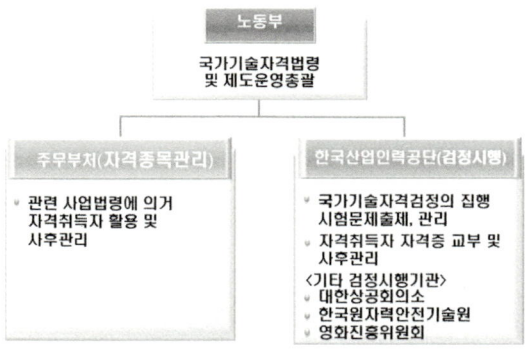

5.2 큐넷 홈페이지(http://www.q-net.or.kr)

한국산업인력공단에서는 인터넷 홈페이지 Q-net을 자격종합정보시스템으로 개편하여 국가자격 등에 대한 자격정보 제공을 통한 자격 포털사이트의 역할을 수행하고 있다.

100% 인터넷을 통한 원서접수 등 무방문 자격시스템 구축으로 수검자에 대한 편의를 제공하고 있다.

🕹 인터넷을 통한 기술사자격시험 응시절차

1. 원서접수
인터넷접수(www.Q-net.or.kr)

2. 필기원서접수
필기접수 기간 내 수험원서 인터넷 제출
사진(6개월 이내 촬영한 반명함판 사진파일(.jpg)
수수료 : 정액
시험장소 본인 선택(선착순)

3. 필기시험
수험표, 신분증, 필기구(흑색 사인펜 등) 지참

4. 합격자 발표
인터넷 www.Q-net.or.kr
ARS(060-700-2009)

5. 실기원서접수
실기접수기간 내 수험원서 인터넷 제출
사진(6개월 이내 촬영한 반명함판 사진파일(.jpg)
수수료: 정액
시험장소 본인 선택(선착순)
단, 기술사 면접시험은 시행 10일 전 공고

6. 실기시험
수험표, 신분증, 필기구, 수험 지참 준비물 준비

7. 최종합격자 발표
인터넷 www.Q-net.or.kr
ARS(060-700-2009)

8. 자격증교부
증명사진 1매, 수험표, 신분증, 수수료 지참

준비 _ 準備 _ Preparation

「기술사 시험은 준비가 필요하다」

overview
- 언제
- 어디서
- 무엇을
- 어떻게
- 왜

6 공부, 언제 해야 하는 것일까?

6.1 기술사 공부에 필요한 시간

■□■ 기술사 회별 검정시행일정 확인

기술사자격시험은 연간 회별 검정시행일정이 정해져 있다. 자격종목별로 연간 기술사 회별 검정시행종목이 다르므로 시험일정을 확인한 후 시험계획을 세워야 한다. 한국산업인력공단에서는 전해 12월 초경에 국가기술자격검정(기술사 시험) 시행공고를 하며 검정시행일정 및 종목을 공고하고 있다. 종목별로 연간 기술사 회별 검정시행종목은 약간씩 변경되기도 하나 대부분 전해년도와 비슷하므로 그해 시험일정을 참조하여 계획을 세우면 좋을 것이다.

원서접수 후 필기시험 당일까지 기간은 대략 15~23일 정도의 시간밖에 없기 때문에 원서를 접수한 후 시험 준비를 시작하여 합격하기는 대단히 어렵다. 수개월간 체계적인 준비기간을 가지고 장·단기적인 계획을 수립하여 기술사 시험에 응시하여야 합격할 수 있다

■□■ 기출문제 분류

기술사 자격검정에 합격하기 위한 기술사 공부의 핵심은 나만의 노트 만들기와 답안 작성 연습하기이다. 장·단기적인 계획 없이 선배 기술사의 노트나 참고서적만 이용하여 무작정 외우는 방법으로 기술사 공부를 시작한다면 합격하기까지 꽤 많은 시간을 보내게 될 확률이 높다.

기술사 응시자가 가장 많은 토목시공기술사 시험의 예를 들면 대부분이

토목시공기술사로 정리된 책과 기출문제의 답을 정리한 책을 한두 권씩 가지고 공부를 시작하게 된다. 그리고 선배, 동료들로부터 구한 기술사 합격자 또는 학원에서 정리해준 노트(장판지라 불리는 키워드집) 등도 기술사 공부를 시작함에 있어 빠질 수 없는 주요 자료가 된다.

토목시공기술사 시험공부는 총론과 토공, 기초 등 9~10개 정도의 공종으로 구분할 수 있으며, 대개 이 순서에 따라 공부를 하며 노트정리를 하게 된다.

우선 과거에 출제된 기출문제를 분석하여 문제유형을 9개의 공종별로 분류해보면 대략 200~250개 정도의 문제로 분류된다.

1개 공종별로 15~30개 정도의 문제로 분류될 것이다. 분류된 문제를 출제빈도별로 통합하는 과정을 거치면 핵심문제를 대략 120~150개의 문제로 통합할 수 있게 된다.

이러한 과정을 거치는 이유는, 기술사 시험과목이 워낙 방대하고 서술형의 주관식으로 답안을 작성하여야 하므로 기술사 시험에 합격하기 위한 공부과정에 있어서 선택과 집중(Choose and Focus)의 전략으로 접근하는 것이 반드시 필요하기 때문이다.

■□■ 나만의 노트 만들기 소요시간

출제빈도의 중요도에 따라 120~150개의 문제로 통합하기 위해서는 200~250개 정도의 문제에 대한 정리된 서브노트가 필요하다. 각 문제를 핵심적인 내용으로 정리하게 되면 적게는 반 페이지에서 많게는 3, 4페이지 정도로 내용정리가 될 것이다.

평균 2페이지로 가정하면 400~500페이지 정도의 노트가 만들어지게 된다. 이것은 토목시공기술사 부문의 정리된 책 한 권 정도의 분량에 해당하며, 나만의 노트 만들기가 완성되었다면 토목시공기술사의 전반적인 내용에 대한 공부가 이루어졌다고 봐도 될 것이다.

그럼 여기서 이러한 400~500페이지에 달하는 나만의 노트를 만드는 데 소요되는 시간을 개략적으로 계산해보자.

1페이지 정도 분량의 문제를 관련서적이나 타인의 서브노트를 바탕으로 읽어서 이해하고 나만의 서브노트로 정리하여 옮기는 데 소요되는 시간을 대략 30분 정도로만 계산해도 200~250시간 정도가 소요된다.

나만의 노트 만들기에 매일 하루에 3시간 정도씩 투자하면 67~83일 정도의 시간이 필요하게 된다.

이 기간 중 토요일과 일요일, 공휴일이 20일 정도 포함되어 있으므로 노트를 만드는 시간을 다소 단축시킬 수는 있을 것이다

내용이 충실한 노트를 만들기 위해서는 기술사 공부를 위한 기본서적이나 타인의 노트 이외에도 기준, 표준, 법령, 이슈 등을 확인하기 위한 작업이 반드시 공동으로 이루어져야 한다. 기준이나 표준, 법령 등은 변경될 수 있으며, 최신 이슈에 따라 시험문제의 중요도가 달라질 수도 있기 때문이다.

나만의 노트를 만드는 시간을 확보해두는 것은 기술사 시험공부에 필요한 장기적이고 구체적인 시간계획을 세우는 데 있어서 매우 중요하다. 기술사를 준비하는 과정은 시험과목 및 범위가 정해져 있지 않기 때문에 대부분 이와 비슷한 준비단계를 거치게 된다.

■□■ 답안 작성 연습하기 소요시간

기술사 필기시험 답안지는 정해진 규격을 가지고 있다. 표지와 제1페이지에는 필기시험 작성 시 유의사항과 부정행위 처리규정에 대하여 기재되어 있으며, 다음 페이지부터는 7장 14면의 답안지로 내지는 22줄로 나눠져 있는 동일한 양식으로 되어 있다.

기술사 필기시험은 각 교시별로 100분이 주어지며 중간에 점심시간 60분과 20분씩 2회 총 40분의 휴식시간이 주어진다. 1교시는 13문항이 출제되며 이 중 10문항을 선택하여 단답형 주관식으로 작성하면 된다. 2교시부터 4교시까지는 6문항이 출제되는데 이 중 4문항을 선택하여 작성하여야 하며, 주관식 서술형으로 작성하여야 한다.

1교시는 출제문항 13개 중 10개를 선택하며 문제당 1페이지를 작성할 경우 총 10페이지를 작성하게 된다. 1교시의 문제별 작성시간은 1문제당 1페이지 작성하는 데 10분이 할당된다고 볼 수 있다.

2교시부터 4교시까지는 6문제 중 4개의 문제를 선택하여 작성하므로 1문제당 3페이지를 작성할 경우 25분이 할당된다고 볼 수 있다.

2~4교시의 경우 출제된 6문제 중 4문제를 선택하여 1문제를 25분 내에 2~3페이지에 걸쳐 주관식 서술형으로 답안을 작성해야 하는데, 이것은 결코 쉬운 일이 아니다.

특히, 4지 선다형의 문항 중 하나를 선택하는 객관식 문제의 공부 방법, 즉 단순히 키워드를 암기하는 방식으로 준비했다면 시험장에서 제대로 된 서술형 답안을 작성하기란 거의 불가능할 것이다.

기술사 시험을 준비한다면 주관식 서술형으로 답안을 작성하는 연습을 반드시 그리고 충분히 해두어야 한다.

▶ 기술사 시험 시간표

구분	시간	비고
입실 및 시험 안내	08:30~09:00	30분
1교시	09:00~10:40	100분
휴식시간	10:40~11:00	20분
2교시	11:00~12:40	100분
중식	12:40~13:40	60분
3교시	13:40~15:20	100분
휴식시간	15:20~16:40	20분
4교시	16:40~17:20	100분

■□■ 기술사 필기시험 답안지 양식

- 한국산업인력관리공단 Q-net(www.Q-net.or.kr) 고객만족〉자료실
- 답안지 규격: 210×297㎜
- 답안지 내지 줄: 22줄
- 답안지 내지 장(면)수: 7장 14면
- 4~14쪽(마지막 쪽)까지는 같은 양식으로 되어 있음

구분	출제문항/선택문항	답안작성방식	시험시간	페이지/할당시간
1교시	13 / 10	단답형 주관식	100분	1페이지/10분
2교시	6 / 4	주관식 서술형	100분	3페이지/25분
3교시	6 / 4	주관식 서술형	100분	3페이지/25분
4교시	6 / 4	주관식 서술형	100분	3페이지/25분

Ⅱ. **준비** 기술사 시험은 준비가 필요하다

▶ 답안 작성방식

출제빈도의 중요도에 따라 통합된 120~150개의 문제를 1교시 유형의 단답형 주관식과 2, 3, 4교시 유형의 주관식 서술형 문제로 구분한 후 문제유형에 알맞은 예비답안을 작성하여야 한다.

만약 단답형 주관식 유형 30문제와 주관식 서술형 120문제로 구분하여 작성한다고 하면 작성하여야 하는 총 예비답안지는 390페이지 정도가 될 것이다.

예비답안 작성에 소요되는 시간을 페이지당 30분 정도로 가정한다면 총 195시간이 소요된다.

실제 기술사 시험에서는 3페이지를 25분 안에 작성하여야 효율적인 시간관리가 가능한데, 답안 작성을 연습하는 과정에서 시간을 페이지당 30분 정도로 가정한 이유는 처음 예비답안을 작성할 때에는 문제별로 대제목의 작성 순서를 고민하는 시간, 서브노트를 참조하는 시간, 표나 그림을 선택하는 시간 등을 고려해서이다.

물론, 처음으로 노트를 작성하는 경우라면 이보다 훨씬 많은 시간이 소요될 것이다. 1차적인 예비답안 작성이 완료되는 데 필요한 195시간을 하루 3시간씩 소요한다고 하면 약 65일 정도가 걸린다.

이렇게 작성된 150문제를 실전에서처럼 표와 그림으로 최적화하면서 1문제당 25분 내에 작성하게 된다면 소요시간은 3,300분(55시간)으로 줄어들게 된다.

이것을 마찬가지로 하루 3시간씩 기술사 공부에 투자한다면 대략 19일 정도가 걸린다.

기술사 필기시험에 대한 평가는 고도의 전문지식과 경험을 바탕으로 하는 응용능력이 중요한 요소이지만 휴식시간과 점심시간을 제외한 6시간

40분(400분)이라는 긴 시간 동안 주관식 서술형으로 답안을 작성하여야 하므로 대단한 정신력과 체력이 모두 필요한 시험이기도 하다.

■□■ 기술사 공부의 최소 필요시간

기술사를 준비하는 대부분의 사람들은 나만의 노트 만들기를 소홀히 하고 타인의 노트를 단순암기식으로 반복해서 공부한다. 그러나 기술사에 합격한 사람들은 대부분 자신의 공부과정이 기록된 노트를 가지고 있다.

나만의 노트 만들기와 답안 작성 연습하기는 기술사 시험에 합격하기 위하여 내공을 쌓아가는 과정과도 같은 것이다. 이렇게 준비하여 필기시험에 합격한 사람은 2차 면접시험을 위한 답변을 준비함에 있어서도 자신감을 가질 수 있을 것이다.

비록 1차 필기시험에 불합격하였다고 하여도 나만의 노트 만들기와 답안 작성 연습을 일단 해낸 예비 기술사라면 그동안 쌓아놓은 내공이 있어서 기술사 시험을 다시 준비하더라도 답안 최적화하기에 더 집중적인 시간을 할애할 수 있게 된다.

▶ 기술사 공부에 필요한 시간

구분	나만의 노트 만들기	답안 작성방법 연습하기	답안 최적화하기	총 필요시간
문제(개)	200~250	120~150	120~150	–
페이지	400~450	390	390	–
예상시간(hr)	200~250	195	55	450~500
예상일 (일 3시간 투자)	67~83	65	19	151~167 (5~6개월)

6.2 기술사 공부계획 수립

■□■ 장·단기 공부계획 수립

웬만해선 마음잡고 기술사 공부를 하기가 어려운 기간이 있다.

바로 시험 당일로부터 합격자를 발표하는 날까지의 시간이다. 대략 한 달 보름 안팎의 시간인데 기술사 시험을 치른 사람이든 아니든 모두 이 기간에는 공부를 하는 사람이 그리 많지 않다.

연간 3회가 실시되는 기술사 종목의 경우 아래 표에서 보는 바와 같이 마지막 3회 차 시험이 끝난 후부터 이듬해 1회 차 시험일까지가 기술사 시험 공부를 체계적으로 준비하기 가장 좋은 시기에 해당한다.

▶ 2011년 기술사 시험일과 합격자 발표일

월		1	2	3	4	5	6	7	8	9	10	11	12	계
시험일			20			22			7					
합격자발표일					1			1		30				
공부기간(일)	1차	31	19								31	30	31	142
	2차				29	21								50
	3차						30	6						36

    기술사 시험은 공부 시작 시기에 따라 공부방법도 달라져야만 한다.

    시험기간이 36일밖에 남지 않은 상황에서 아무런 계획 없이 무작정 책이나 노트만 읽고 암기한다고 절대로 합격할 수 있는 시험이 아니다.

    시험장에서 어설프게나마 4문제의 답을 작성하는 것보다는 1문제라도 제대로 답안을 작성하는 것이 첫 시험에서는 더 중요하다.

    그러기 위해서는 비록 36일밖에 남지 않은 상황에서 공부를 시작하더라도 계획을 세우고 하나하나 준비해야 다음 시험의 기반이 될 수 있다.

    기술사 시험은 종목별로 기본적인 과목이 있다. 수자원개발기술사의 경우 수리학, 수문학, 하천공학, 댐공학, 하천법, 하천정책 등의 기본과목으로 구분할 수 있다.

    기술사 시험공부는 기출문제를 본 과목별로 분류한 후 문제를 통합하고 예비답안을 만드는 과정을 거치게 된다. 휴일을 제외한 평일은 하루 3시간을 기준으로 2문제씩 예비답안을 만들어 가는 계획을 세우고, 주말은 평일보다 한 문제 정도 많은 3문제 정도를 계획하는 것이 적당하다.

    평일엔 2문제, 주말엔 3문제이므로 시간이 충분할 것으로 생각되겠지만 막상 시작해보면 이 정도의 공부양도 만만하지 않고 아주 버겁다는 것을 느끼게 될 것이다.

예비 기술사의 월간 공부계획표

Sunday 일	Monday 월	Tuesday 화	Wednesday 수	Thursday 목	Friday 금	Saturday 토
						1 Newton유체(수리) Euler(수리) DAD해석(수문)
2 낙차공(하천) 홍수방어(댐) 홍수종류(정책)	3 제방안정성(하천) 댐위치형식(댐)	4 유압(하천) 댐건설절차(댐)	5 발전출력계(수리) Rating Curve(수문)	6 에너지보정계수(수리) Slope Area(수문)	7 Burnoulli(수리) 저수지층별(수문)	8 치수본(하천) 유수전환(댐) 가용실측형가(정책)
9 비에너지(수리) 저수지홍수추적(수문) 도시하천(정책)	10 표양수조(수리) 수문곡선분리법(수문)	11 여도종류(하천) 학사초점(댐)	12 균수지(하천) 여수로(댐)	13 Best hydraulic section(수리) 단위도가설(수문)	14 Moody diagram(수리) 지형학적요인(수문)	15 사방댐(하천) 댐설치시문제(댐) 홍수보험(정책)
16 점변류수면곡선(수리) 유역추적법(수문) 하천횡경설비(정책)	17 Specific force(수리) 하도저유(수문)	18 Hydraulic jump(수리) 합리식(수문)	19 하도계획(하천) RCD(댐)	20 수제(하천) 저수통장배열(댐)	21 내홍수공(하천) 뚜수로(댐)	22 토양함수법(수리) 수리학적홍수추적(수문) 대행업(정책)
23 침사지(하천) 필터법치(댐) 법상계획(하천)	24 취수거리계획(하천) 감수방법(댐)	25 하상유지시설(하천) 비통배관(댐)	26 안정하도(수리) 임계지속시간(수문)	27 수리모형실험(수리) 강수빈도해석(수문)	28 저수지내 퇴사(수리) 유속해석(수문)	29 저류공(하천) 품비(댐) 소하천정비(정책)
30 점변혁지배류음(수리) 감구시간분포(수문) 억조정지(댐)	31 지하수연직분포(수리) 적합도검정(수문)					

계획은 Term을 짜고, Weekly 또는 Daily 단위로 짜는 것이 좋으며, 계획의 차질을 대비해 여유시간을 배정해두는 것이 좋다.

공부는 나만의 노트 만들기와 답안 작성 연습하기로 구분할 수 있는데 는 맨땅에 헤딩하는 것보다는 선배 기술사의 노트나 정리된 문제집을 이용해서 내 것으로 개선해나가는 것이 시간도 줄일 수 있으며 훨씬 효율적이다.

단, 기출문제를 분류하는 과정은 꼭 본인이 해야만 한다. 그래야만 회별문제의 특성이나 출제경향에 대한 흐름 그리고 변형된 문제에 대한 적응력도 키울 수 있다.

▶ 직장인의 주간 공부계획표

Day	Mon	Tue	Wed	Thu	Fri	Sat	Sun
업무/휴무	업무	업무	업무	업무	업무	휴무	휴무
7:00	Go office	Go office	Go office	Go office	Go office	Sleep	Sleep
8:00						Go Library	Go Library
9:00~12:00	Work	Work	Work	Work	Work	Study	Study
12:00	Lunch	Lunch	Lunch	Lunch	Lunch	Lunch	Lunch
13:00~18:00	Work	Work	Work	Work	Work	Study	Study
19:00	Diner	Diner	Diner	Diner	Free	Free	Diner
19:00~21:00	Study	Study	Study	Study			Study
22:00	Go home	Go home	Go home	Go home			Go home
23:00~24:00	Study	Study	Study	Study	Study	Study	Sleep
Total 130H	Sleep 54H		Work 40H		Study 23H		

    나만의 노트 만들기와 답안 작성 연습하기는 과목별로 작성하되, 작성하는 순서는 모든 과목을 동시에 시작해서 동시에 마무리하는 것이 좋다. 실무와 관련이 있어서 자세히 아는 과목도 있고, 실무에서 거의 접할 일이 없어서 생소한 경우도 있다. 시험범위가 광범위하기 때문에 한 과목씩 차례로 공부하다 보면 정해진 기간 내에 전체를 모두 정리하기가 쉽지 않다. 그러므로 출제빈도를 고려하여 분류한 기출문제를 과목별로 분류한 후 하루, 일주일, 한 달 단위로 나만의 노트 만들기 계획을 수립해야 한다.

    한 주 동안 나만의 노트 만들기에 충실했다면 좋겠지만 야근, 접대, 출장, 약속 등의 피치 못할 사정으로 인해 계획에 공백이 생기면 그만큼 1차 나만의 노트 만들기를 완료하는 시간이 미뤄지게 된다. 이럴 경우 공휴일을 이용하여 공백이 생겼던 부분을 채워야 한다. 만약 주말에 공백을 채우지 못하면 전체적인 계획을 뒤로 미룰 수밖에 없는 상황이 발생하게 된다. 하루에 공부할 수 있는 시간과 주말에 공부할 수 있는 시간 및 현재 나의 전문지식 정도를 고려하지 않고 너무 촉박하게 계획을 세우는 것도 좋지 않다.

물론 눈앞에 기술사 시험 일정이 발표되고 이번 시험에 합격해야 한다는 각오로 계획을 수립하고 공부하는 것도 중요하겠지만, 무리하여 촉박하게 계획을 세워 진행하다 보면, 기술사 공부의 내공이라 할 수 있는 충실도가 약해져 시험에 불합격한 후에 나만의 노트 만들기를 다시 시작하게 되는 경우도 빈번하기 때문이다.

이렇게 해서 나만의 노트 만들기가 끝나면 다시 정리된 기출문제를 바탕으로 문제별로 답안 작성방법 연습하기 일정 계획을 수립하면 된다. 답안 작성 연습하기는 나만의 노트 만들기를 위해 분류된 200~250개의 문제를 다시 120~150개의 문제 및 해답으로 통합하는 과정을 말하며, 이 과정이 바로 응용능력을 향상시키는 연습과정이 된다.

7 공부, 어디서 해야 하는 것일까?

7.1 최적의 공부장소

　기술자는 바쁘다. 회의도 많고, 출장도 많고 클라이언트의 요구 사항에 대응해서 할 일도 많다. 보통 수행 중인 프로젝트가 하나가 아닌 경우가 많다. 신규로 추진 중인 프로젝트도 있을 것이고, A/S 중인 프로젝트도 다수인 경우가 많다.

　이렇듯 바쁜 업무는 야근으로 이어지는 경우가 태반이며, 야근이 없는 날은 회식이나 접대를 하거나 모임이 있거나 해서 공부할 시간을 확보하기가 쉽지 않다. 앞서 기술사 시험공부 계획을 세울 때 매일 3시간씩 투자하는 것으로 하였지만 일상에서 규칙적으로 시간을 내기란 결코 만만하지 않다.

　하지만, 기술사 시험에 합격하기 위해서는 하루 2~3시간 정도의 시간을 반드시 만들어 내야 한다. 야근을 줄이기 위해 업무시간에 집중도를 높여야 하며, 회식이나 모임도 자제해야 한다. 그리고 잠도 줄여야 한다.

　기술사를 준비하는 동안의 하루일과는 마치 군대생활처럼 규칙적으로 변하게 되는 경우가 많을 것이다. 시간을 아끼다 보면, 평소 MP3로 음악을 들으며 출퇴근하던 습관이 키워드를 외우기 위해 암기노트를 보는 모습으로 바뀌어 있을 것이며, 달콤하던 점심식사 후 잠깐의 휴식시간도 관련 논문이나 이슈를 검색하는 시간으로 바뀌게 될 것이다.

　특히, 퇴근 후 2~3시간은 기술사 시험공부를 위한 귀중한 시간이므로 자신의 공부 스타일에 맞는 장소를 선택하는 것도 중요하다.

　도서관, 독서실, 집 등 공부를 하는 장소마다 장단점이 있으므로 나의 라이프사이클과 맞는 곳을 선택하는 것이 바람직할 것이다.

▶ 공부장소별 장단점

구분	도서관	독서실	집
장점	- 관련 자료 풍부 - 비교적 정숙 - 무료	- 집중력 향상 - AM 2시 폐실 - 책, 노트 보관가능	- 시간낭비 감소 - 식사 편리 - 자율적 분위기
단점	- 정기휴무 - PM 9시 폐관 - 장거리 위치 - 주변소음 - 책, 노트 소지 - 자리 잡기 어려움	- 경비 소요 - 지루하고 답답함	- 집중력 감소 - TV, 컴퓨터, 침대 - 스트레스 전이
활용	- 토요일, 일요일	- 평일, 법정공휴일	- 잠들기 1시간 전

도서관은 자료실을 갖추고 있으며, 인터넷 등을 사용할 수 있어 노트나 답안 작성을 위한 자료를 검색하기에 유용하다.

또한, 토요일이나 일요일에 도서관을 찾을 경우 여러 종목의 기술사 시험공부를 하고 있는 예비 기술사들을 많이 볼 수 있어 나와 다른 분야의 예비 기술사들은 나만의 노트 만들기를 어떻게 하고, 답안 작성 연습을 위해 어떤 표와 그림을 사용하는지 등을 참고할 수도 있다.

기술사 공부는 관련 서적이나 자료 등 참고해야 할 것들이 많기 때문에 도서관에서 공부하는 것을 추천하지만, 대부분 회사나 집으로부터 거리가 멀고, 오후 9시나 10시 정도면 폐관을 하기 때문에 주로 토요일과 일요일 등 주말에 이용하는 것이 좋을 듯하다.

독서실의 장점은 집이나 회사 근처 등 편리한 곳을 정해놓으면 이동이 용이하고, 책과 노트 등의 자료를 보관할 수는 있는 장점이 있다. 또한, 독서실의 면학 분위기는 집중력 향상에도 도움이 된다.

독서실은 주로 중학생이나 고등학생이 많이 이용하기 때문에 열심히 공부하는 어른으로서의 본보기를 보여주고자 솔선수범하는 마음가짐을 가지고 공부를 하게 되는 경우가 많다.

집은 가장 공부하기 좋은 곳이지만, 동시에 공부하기 가장 어려운 곳이기도 하다. 집에서 하는 기술사 시험공부는 잠자기 30분~1시간 전을 활용하는 것이 효율적이다.

야근이나 회식, 모임 등으로 인해 공부할 시간이 부족한 경우에 활용하는 것이다. 너무 늦은 시간 독서실을 찾아서 공부를 하다 보면 다음날 수면부족으로 인해 고생하는 경우도 많다. 이럴 경우 무리해서 독서실을 찾기보다는 다음날을 위한 컨디션을 유지하기 위해 휴식시간을 가지는 것이 좋다.

잠들기 전 30분~1시간 정도의 공부는 키워드 암기, 수첩 메모정리, 노트 읽기 등의 간단한 읽기 위주로 하는 것이 도움이 될 것이다.

전국 도서관 현황

시도	공공도서관				시설규모(m², 석)			
	계	교육청	시·도	사립	부지(m²)	건물(m²)	좌석 수	디지털자료 컴퓨터 수
서울	69	22	40	7	219,470	204,789	28,166	2,037
부산	27	12	11	4	122,351	74,397	14,429	639
대구	16	12	2	2	100,032	58,707	11,815	517
인천	16	8	8	–	57,926	50,393	12,806	540
광주	13	5	8	–	78,580	66,536	13,757	317
대전	16	2	14	–	93,256	56,953	11,088	512
울산	8	4	4	–	29,416	18,044	5,387	267
경기	117	10	98	9	748,654	363,952	59,225	3,170
강원	44	22	22	–	150,932	79,110	13,219	850
충북	28	15	13	–	134,083	67,945	7,216	521
충남	46	20	26	–	207,836	86,437	12,796	830
전북	38	17	20	1	175,147	68,177	14,606	575
전남	50	20	30	–	293,526	88,625	17,422	775
경북	53	28	25	–	252,196	105,883	23,095	969
경남	45	24	21	–	216,223	90,133	15,068	923
제주	21	6	14	1	229,183	40,559	7,461	308
계	607	227	356	24	3,108,810	1,520,641	267,556	13,750

출처: 국립중앙도서관(www.nl.go.kr)–전국도서관현황(2007년 말 기준)

7.2 명절이나 국경일 활용

기술사 시험공부를 하는 데 있어 명절이나 국경일은 모자란 공부를 채울 수 있는 고마운 시간이지만, 어떻게 보면 오히려 공부하기 더 어려운 시간이기도 하다. 거의 모든 도서관이 법정 공휴일에는 휴무를 실시하고 있다. 게다가 설날이나 추석과 같은 명절에는 먼 길 고향에 계신 부모님을 뵈러 가야 하고, 처갓집에 인사도 가야 하므로 자칫 잘못하면 평일보다 더 공부시간을 내기가 어려울 수도 있다. 기술사 시험은 절대평가가 아니라 상대평가라는 점을 염두에 둔다면, 명절이라 해도 공부에 손을 놓고 있을 수는 없을 것이다. 단 한두 시간이라도 나만의 노트 만들기나 답안 작성방법 연습하기와 같은 기술사 공부를 꾸준히 해야만 한다.

운전을 하지 않는다면 고향 내려가는 길에 기술사 학원에서 제공하는 동영상을 PMP나 MP4와 같은 휴대가 간편한 전자기기에 담아서 볼 수도 있으며, MP3에 학원 강사의 강의나 내 목소리로 노트 등을 읽은 것을 미리 녹음한 것을 들으면서 이동하는 것도 좋은 방법일 것이다.

설날이나 추석과 같은 명절에는 독서실도 휴무인 곳이 많지만 찾아보면 약국처럼 명절이라도 문을 여는 독서실이 있게 마련이다. 이렇게 문을 여는 독서실을 알아보는 방법은 의외로 간단하다. 인터넷에서 명절에 내가 머무는 장소 주변의 독서실을 검색한 후 전화를 걸어 명절에도 영업을 하는지 확인해보면 된다. 공부하는 시간은 길지 않더라도 기술사 공부에 대한 감은 끊어지지 않고 이어갈 수 있을 것이다.

한 가지 알아두어야 할 팁은 신정이나 구정연휴와 같은 겨울철 명절에는 독서실을 찾는 사람이 적기 때문에 난방을 제대로 하지 않는 경우가 많으므로 두툼한 옷차림과 작은 담요 또는 방석을 챙겨 감기에 걸리지 않도록 미리 유의한다.

8 공부, 무엇부터 시작해야 하는 것일까?

8.1 기출문제 분류하기

기술사 시험 기출문제는 한국산업인력관리공단의 인터넷 홈페이지 큐넷을 통하여 구할 수 있다. 큐넷에서 제공되는 기출문제는 산업계측제어기술사(78회부터 제공)나 인간공학기술사(77회부터 제공) 등과 같은 몇몇 종목을 제외하고는 대부분 2001년(63회 또는 65회)부터 최근의 기출문제를 공개하고 있다.

▶ 기출문제 공개
- 한국산업인력관리공단 큐넷(www.Q-net.or.kr) 고객만족〉자료실
  〉기출문제(기술사)

기술사 시험 종목별로 연간 시험시행 횟수가 다르지만, 최근 10회 정도의 기술사 시험 문제를 기준으로 하여 문제를 분류하는 것이 좋다.

▶ 최근 5년간 총 문제 수

구분	1회	연 1회 (최근 10년)	연 2회 (최근 5년)	연 3회 (최근 5년)
1교시	13문제	130문제	130문제	195문제
2교시	6문제	60문제	60문제	90문제
3교시	6문제	60문제	60문제	90문제
4교시	6문제	60문제	60문제	90문제
계	31문제	310문제	310문제	465문제

기출문제는 회별로 중복 출제된 문제 또는 유사한 문제를 분류하는 데 엑셀을 이용하면 아주 유용하다. 문제별 정리는 간단하게 정리하되, 출제된 문제에 영어표현이 표기된 것이 있을 경우 키워드로 활용할 수 있으므로 함께 정리하도록 한다.

▶ 회별 기출문제 정리 (1)

	A	B	C	D	E	F	G
1		89회					
2	1교시	저수지 증발					
3		언색호					
4		수축세굴과 국부세굴					
5		하천법상의 홍수관리구역					
6		위험도와 재현기간의 관계					
7		댐의 이상홍수용량 및 공용용량					
8		사각도수(Oblique Hydraulic Jump)					
9		추정한계치(Estimate Limited Value)					
10		생산토사량(토양유실량)과 유출토사량(유사유출량)					
11		고정보와 낙차공에 대한 설명 및 차이점					
12		수자원총량과 수자원부존량					
13		굴입하도와 완전굴입하도					
14		비유사량과 유사전달률					
15							
16	2교시	보의 정의, 종류, 위치선정, 수중보 설치목적					
17		지역빈도해석					
18		하천수문 목적별, 구조별, 형상별 구분, 위치선정 및 바닥높이 결정시 고려사항					
19		댐 건설 공사시 유수전환방식					
20		제방 누수방지 대책					
21		내륙주운의 기본조건 및 국내전망					
22							
23	3교시	부체 계산문제					
24		도시침수피해 원인 및 대책					
25		저수지 퇴사 문제점 및 대책					
26		댐 건설 편익계산방법					
27		수자원분야 VE 목적 및 필요성					
28		4대강 살리기 추진배경, 핵심과제, 용수공급능력 증대위한 사업, 200년 빈도 이상홍수 대					
29							
30	4교시	우수유출저감 시설 종류 및 기능					
31		침사지 종류, 규모계량방법 및 토사재해 저감대책					
32		유역종합치수계획 문제점 및 개선방향					
33		호안파괴 원인 및 대책					
34		사방댐 형식 및 설계순서, 위치와 높이					
35		하도내 사주 및 식생 처리방안					
36							

시트마다 정리된 회별 문제를 하나의 시트에 복사하여 붙여 넣으면 아래 그림과 같이 될 것이다. 시트를 합치는 과정에서 굳이 셀에 텍스트를 맞출 필요는 없다. 엑셀의 찾기 기능을 활용하여 단어를 검색한 후 중복문제 또는 유사문제를 재분류해야 하므로 아래 그림과 같이 분류되어도 크게 불편하지는 않다.

회별 기출문제 정리 (2)

	A	B	C	D	E	F
1		89회	87회	86회	84회	83회
2	1교시	저수지 증발	강우강도식에서 지역	지역안전도의 정의	우수유출저감시설 종	가능최대 홍수량
3		언색호	중력파와 압력파의 지	은제 및 추이대	수방기준	강수의 종류
4		수축세굴과 국부세굴	s-곡선법에 의한 순시	홍수관리구역의 정의	재해져의 도	방조브
5		하천법상의 홍수관리	경인운하 화물선 홍	제방횡단 구조물 계	주운수로 설계시 최	굴절제(deflector)
6		위험도와 재현기간의	하천법상 하천의 정	수제의 기능	치수안전도	하구의 지형학적 분
7		댐의 이상홍수유량	도홍수도달시간 개념	Gumbel의 극치분포	설계홍수량의 재현	자연하천에서 유속분
8		사각도(Oblique Hy	수자원분야 GIS 활용	수리 및 유사모형의	설치목적별 보의 종	유량곡선
9		추정한계치(Estimate	유출의 지배인자	기후가 유역유출에	고규격 제방	Moody 도표 특징
10		생산토사량(토양유실	수면곡선에서 M1, M	하천 수질관리시 유	입하도/완전굴입도	돌발홍수(flash flood)
11		고정보와 낙차공에 I	유역형상계수	동점성계수(Kinemati	지하수 관정의 영향	하상유지시설
12		수자원총량과 수자원	하천차수	공동현상(cavitation)	펌프의 흡입관 길이	발하단
13		굴입하도와 완전굴입	홍공사비 산정위한	비압축성 정상류에	부력을 접수압 분포	정상류(steady flow)
14		비유사량과 유사전달	지방하천 지정시 준	부등류 수면곡선식(	이자를 계산	에너지보정계수 및
15						
16	2교시	보의 정의, 종류, 위ㅊ	직사각형 수로 수심	지하방수로의 개념고	복수해저감종합계획	하도계획수립시 기본
17		지역빈도해석	확률분포의 매개변수	풍수해 위험지구와	사전재해영향성 검	우리나라 수자원의
18		하천수문 목적별, 구	비상대처계획(EAP)	Earth dam 또는 제	방사지의 구성요소오	하천복원사업계획에
19		댐 건설 공사시 유수	댐, 저수지 운영방안	대수층규모, Gumbel	댐 모형실험시 모형	유수지 및 빗물펌프
20		제방 누수방지 대책	Clark 유역추적법	운동량방정식을 적	용 비피압대수층 지하수	위치 결정시 고려
21		내륙주운의 기본조건	비압축성 이상유체어	중앙단경에 해당하는	수격(water hammer)	정상부등류(steady i
22						
23	3교시	부체 계산문제	연직 방류관의 수위-	배수구간에서 제방을	풍수해 비상대처계혹	지하수 해수침입 현
24		도시침수피해 원인	도심식성 인공수로 인	전보전, 복원, 친수기	구재해복구사업 사전	하천유역종합계획의
25		저수지 퇴사 문제점	직사각형 수로의 Fr	단지개발로 인한 지	RRL 방법에 의한 유	홍수주의보 단계에서
26		댐 건설 편익계산방법	하천법 개정에 따른	자연하천의 주운수로	댐, 여수로 수문종류	도시하천의 수방대책
27		수자원분야 VE 목적	다목적댐 비용배분법	고정상 수리모형 수	홍수시 댐/저수지 운	수면곡선 계산, 계선
28		4대강 살리기 추진배	장기간 강우자료의	빈도분석계수 K를 공	식부등류 해석시 표준	부정류 수치해법을
29						
30	4교시	우수유출저감 시설	수자원장기종합계획	수해복구 사업 평가	재해복구사업 분석	유출의 지배인자
31		침사지 종류, 규모	강우의 시간분포 방	하상유지공 및 보	제방과 호안의 안정	토목공학적 측면에서
32		유역종합치수계획	둔제방의 종류와 특성	하천복원공법 선행	내륙주운계획의 주요	한강수계 댐 모식도
33		호안파괴 원인 및 대	하천 횡단시설물(보	하구의 형태 분류	도시하천의 특성과	홍수보험제도와 홍수
34		사방댐 형식 및 설계	하도의 하구처리계호	연직방향 평균유속	확정론적 수문모의도	홍수피해잠재능(Pote
35		하도내 사주 및 식생	홍수시 댐 운영방식	경사-단면적법(slope	Reynolds 수 흐름에	가능최대강수량(Pro
36						

합쳐진 시트는 엑셀 상단 메뉴에 있는 편집의 '찾기' 기능을 이용하여 단어검색을 한 후 회별로 중복문제 또는 유사문제로 선택된 셀을 '채우기 색' 기능을 이용하여 문제별로 동일한 색으로 분류한다. 분류는 1차적으로 10개 정도의 유사문제를 분류하여 잘라내기 한 후 아래에 붙여놓고 다시 검색하여 색을 채우는 과정을 반복하는 것이 편하다.

▶ 유사문제 검색 (3)

	A	B	C	D	E	F
1		89회	87회	86회	84회	83회
2	1교시	저수지 증발	강우강도식에서 지역지역안전도의 정의 우수유출저감시설 종 가능최대 홍수량
3		연색호	중력파와 압력파의 s은제 및 추이		수방기준	강수의 종류
4		수축세굴과 국부세굴s-곡선법에 의한 순z구관리구역의 정의 재해지도				방조보
5		하천법상의 홍수관리 경인운하 화물선 홍 제방횡단 구조물 계 주운수로 설계시 최 굴절제(deflector)
6		위험도와 재현기간과 하천법상 하천의 정 수제의 기능			치수안전도	하구의 지형학적 분
7		댐의 이상홍수용량과 홍수도달시간 개념 Gumbel의 극치분포 설계홍수량의 재현 자연하천에서 유속
8		사각도수(Oblique Hy수자원분야 GIS 활용 수리 및 유사모형의 설치목적별 보의 종 유황곡선
9		추정한계치(Estimate 유출의 지배인자		기후가 유역유출에 고규격 제방		Moody 도표 특징
10		생산토 사량(토양유슬 수면곡선에서 M1, M 하천 수질관리시 유ś 굴입하도/완전굴입 돌발홍수(flash flood
11		고정보와 낙차공에 유역형상계수		동점성계수(Kinemati 하구둔 관정의 영향 하상유지시설
12		수자원총량과 수자원 하천차수		공동현상(cavitation) 펌프의 흡입관 길이 지하댐
13		굴입하도와 완전굴입 총공사비 산정위한 비압축성 정상류에 부력을 접수압 분포 정상류(steady flow)
14		비유사량과 유사전달 지하천 지정시 준 부등류 수면곡선식(이자율 계산			에너지보정계수 및
15							
16	2교시	보의 정의, 종류, 위치 직사각형 수로 수심 지하방수로의 개념과 풍수해관감종합계획 하도계획 수립시 기본
17		지역빈도해석		확률분포의 매개변수 풍수해 위험지구와 사전재해영향성 검토 우리나라 수자원의
18		하천수문 목적별, 구 비상대처계획(EAP) Earth dam 또는 제방 침사지의 구성요소와 하천복원사업계획에
19		댐 건설 공사시 유수 댐, 저수지 운영방안 대수정규법, Gumbel 댐 모형실험시 모형 유수지 및 빗물펌프
20		제방 누수방지 대책 Clark 유역추적법		운동량방정식을 적용 비압밀대수층 지하수댐 위치 결정시 고려
21		내륙주운의 기본조건 비압축성 이상유체어 중앙입경에 해당하는 수격(water hammer) 정상부등류(steady r
22							
23	3교시	부체 계산문제	연직 방류관의 수위-배수구간에서 제방을 홍수해 비상대처계획 지하수 해수침입 현
24		도시침수피해 원인 등 침식성 인공수로 안 보전, 복원, 친수지구재해복구사업 사전심 하천유역종합계획의
25		저수지 퇴사 문제점 직사각형 수로의 Fr 단지개발로 인한 지 RRL 방법에 의한 홍 홍수주의보 단계에서
26		댐 건설 편익계산방하천법 개정에 따른 자연하천의 주운수로, 여수로 수문종류 도시하천의 수방대책
27		수자원분야 VE 목적 다목적 댐 비용배분 고정상 수리모형 수 홍수시 댐/저수지 운 수면곡선 계산, 계산
28		4대강 살리기 추진배 장기간 강우자료의 통분산계수 K를 공식 부등류 해석시 표준 부정류 수치해석증
29							
30	4교시	우수유출저감 시설 수자원장기종합계획 수해복구 사업 평가 제해복구사업 분석 유출의 지배인자
31		침사지 종류, 규모 강우의 시간분포 방 하상유지공 및 보 설 제방과 호안의 안정 토목공학적 측면에서
32		유역종합치수계획 둔 제방의 종류와 특성 하천복공법 선형 인 내륙주운계획의 주요 한강수계 댐 모식도
33		호안파괴 원인 및 대 하천 횡단시설물(보 하구의 형태 분류 도시하천의 특성과 홍수보험제도와 홍
34		사방댐 형식 및 설계 하도의 하구처리계 연직방향 평균유속 확정론적 수문모의 도 홍수피해잠재능(Pot
35		하도내 사주 및 식생 홍수시 댐 운영방식 경사-단면적법(slope Reynolds 수 흐름에 가능최대강수량(Pro
36							

중복문제 또는 유사문제를 '잘라내기'하여 색깔별로 시트의 아래에 '붙여넣기'하여 정리하면 완전 별개의 문제거나 유사성이 낮은 문제만 남게 될 것이다. 기출문제를 분류할 때 군이 꼼꼼하게 문제별로 분류를 할 필요는 없다. 나만의 서브노트 만들기 후에 답안 작성 연습하기를 통하여 유사문제나 완전 별개의 문제라 여겨졌던 문제를 합쳐 하나의 답안으로 만들 수도 있기 때문이다.

▶ 유사문제 잘라내기 (4)

	A	B	C	D	E	F
1		89회	87회	86회	84회	83회
2	1교시	저수지 증발	강우강도식에서 지역지역안전도의 정의 및 활용방안			
3		언색호	중력파와 압력파의 간은제 및 추이대		수방기준	강수의 종류
4			s-곡선법에 의한 순간단위도 유도방법			방조보
5			경인운하 화물선 홀수변화			
6			하천법상 하천의 정s수제의 기능		치수안전도	
7			홍수도달시간 개념 5 Gumbel의 극치분포의 누가밀도 함수			자연하천에서 유속분
8		사각도수(Oblique Hy 수자원분야 GIS 활용 수리 및 유사모형의 필요성				
9		추정한계치(Estimate 유출의 지배인자	기후가 유역유출에 미치는 영향			
10		생산토사량(토양유슬수면곡선에서 M1, M2, S1 곡선 비교				돌발홍수(flash flood
11			유역형상계수	동점성계수(Kinemati 지하수 관정의 영향방경의 의미 및 적용시		
12		수자원 총량과 수자원 부존량		공동현상(cavitation) 펌프의 흡입관 길이틀지하댐		
13			총공사비 산정위한 s비압축성 정상류에s부력을 접수압 분포s정상류(steady flow)s			
14		비유사량과 유사전달률		부등류 수면곡선식(v)이자를 계산		에너지보정계수 및
15						
16	2교시		직사각형 수로 수심지하방수로의 개념고 풍수해저감통합계획 하도계획수립시 기본			
17		지역빈도해석	확률분포의 매개변수 풍수해 위험지구와 풍수해저감단위지구s 우리나라 수자원의			
18						하천복원사업계획에
19			대수정규법, Gumbel 댐 모형실험시 모형에 상응하는 유량,계s			
20			Clark 유역추적법	운동량방정식을 적용비피압대수층 지하수위 분포 해석시 직선		
21			비압축성 이상유체어 중앙입경에 해당하는 수격(water hammer)s정상부등류(steady n			
22						
23	3교시	부체 계산문제	연직 방류관의 수위-방류량 관계곡선 결정방법			지하수 해수침입 현상
24			침식성 인공수로 안정보전, 복원, 친수지구 지정기준 및 지구별 사업범위			
25		저수지 퇴사 문제점	직사각형 수로의 Fr s단지개발로 인한 지 RRL 방법에 의한 유s홍수주의보 단계에서			
26		댐 건설 편익계산방하천법 개정에 따른 지형도면 고시 문제점 및 개선대책				도시하천의 수방대책
27		수자원분야 VE 목적 다목적 댐 비용배분s고정상 수리모형 수행시 모형의 조도계수 수면곡선 계산, 계산				
28		4대강 살리기 추진배 장기간 강우자료의 s종분산계수 K를 공식부등류 해석시 표준s부정류 수치해법중 s				
29						
30	4교시		수자원장기종합계획 수해복구 사업 평가s 제해복구사업 분석 s유출의 지배인자			
31			강우의 시간분포 방법 및 각 분포의 특성			토목공학적 측면에서
32			하천복원공법 선행 검토사항 및 복원공법			한강수계 댐 모식도s
33						
34			연직방향 평균유속s확정론적 수문모의도 홍수피해잠재능(Pote			
35		하도내 사주 및 식생 처리방안				
36						

아래 그림은 중복문제 또는 유사한 질문의 문제를 엑셀의 색 채우기 기능을 이용하여 분류한 문제들이다. 이렇게 분류하여 배열하면 문제별 출제빈도와 중요도를 알 수 있다.

▶ 유사문제 별도 분류 (5)

37		
38	**1**	고정보와 낙차공에 대한 설명 및 차이점
39		보의 정의, 종류, 위치선정, 수중보 설치목적
40		하천 횡단시설물(보 및 하상유지공) 철거를 위한 의사결정방법과 생태통로 복원공법
41		제방횡단 구조물 계획시 제체누수점검방법 및 방지대책
42		하상유지공 및 보 설계, 시공시 고려사항
43		설치목적별 보의 종류
44		보 설치 목적, 종류
45		바닥다짐공 설명
46		고정보 설계방법 및 설치시 유의사항 보마루 결정 방법
47		하상유지시설
48		
49	**2**	하천수문 목적별, 구조별, 형상별 구분, 위치선정 및 바닥높이 결정시 고려사항
50		댐, 여수로 수문종류
51		
52	**3**	댐 건설 공사시 유수전환방식
53		가물막이(댐) 설치시기, 높이 형식
54		
55	**4**	제방 누수방지 대책
56		제방의 종류와 특성
57		Earth dam 또는 제방의 누수(침투)에 대한 안정성 검토방법
58		배수구간에서 제방의 분류, 제방구간에서 제방고 및 둑마루폭 설치기준
59		제방과 호안의 안정성 확보 방안
60		고규격 제방
61		굴절제(deflector)
62		제방누수(침투) 원인과 대책
63		배수구간(back water)의 제방고 및 둑마루폭 결정방법
64		제방고, 둑마루폭, 비탈경사에 대하여 설명
65		제방축제시 연약지반처리공법
66		제방 붕괴 원인 및 제방안정성 향상방안
67		
68	**5**	내륙주운의 기본조건 및 국내전망
69		자연하천의 주운수로 설명
70		주운수로 설계시 최소수심
71		내륙주운계획의 주요내용과 경제성 평가방법
72		
73	**6**	우수유출저감 시설 종류 및 기능
74		우수유출 억제시설계획
75		우수유출저감시설 종류 및 설치대상사업
76		우수유출 억제방법
77		

수자원개발기술사 문제를 바탕으로 75회(2005년)부터 89회(2009년)까지의 총 10회의 문제를 엑셀로 분류하였다. 연 2회 실시되는 수자원개발기술사 시험의 경우 총 310문제가 출제되었으며 기출문제를 중복문제와 유사한 문제로 분류할 경우 35문제가 재출제된 것으로 나타났다.

▶ 기출문제 분석

연 2회 (최근 5년)	⇒	1회	2회 이상	계
310문제		205문제	35문제 중복 출제	240문제

기출문제 분류를 통하여 최근의 기술사 시험에 대한 출제경향과 출제빈도 등을 알 수도 있다. 같은 맥락의 문제라도 약간 변형되어 출제될 경우 시험장에서 수험생은 문제의 의도를 파악하기 위해 고민하고 당황할 수밖에 없다. 그러나 이렇게 기출문제를 분류하여 정리해보면 기본문제는 동일하나 약간 변형된 문제라는 것을 바로 파악하고 적응할 수 있을 것이다.

기출문제는 최근 10회 또는 최근 5년 정도의 기술사 시험 문제로 분류하는 것이 좋다. 문제 수가 너무 많아지면 중요도에 대한 판단력이 떨어질 수도 있으며, 본인에게 익숙한 문제 유형으로 편중되는 경우도 있을 수 있다. 기출문제를 분류한 후에는 다시 과목별로 재분류하여 정리하는 것이 기술사 시험공부 시간계획을 세우고 나만의 노트를 정리하기에 유리하다.

기술사 시험의 1교시는 13문제 중 10문제를, 2교시 이후는 6문제 중 4문제를 선택하여 답안을 작성하면 되므로 출제빈도가 낮고 답안작성이 까다로운 문제를 이해하려고 시간을 낭비할 필요는 없다.

8.2 기출문제 합치기

　기출문제 합치기는 답안 작성 연습을 위하여 답이 유사한 기출문제를 합치는 과정을 말한다.

　선배 기술사들이 조언하는 기술사 시험공부를 함에 있어서 "나무만 보지 말고 숲을 보라"는 말이 주는 의미는 바로 기출문제 합치기를 두고 하는 말이다.

　기술사 시험공부와 기술사 시험 답안을 작성하는 데 있어 "나무만 보지 말고 숲을 보라"는 말의 의미가 무슨 뜻인지 말 그대로 나무는 무엇이고 숲은 무엇인지 숲을 분류하는 기준을 예로 들어 설명하려 한다.

　숲이란 나무가 우거진 곳을 말한다. 숲의 분류는 기준에 따라 다양한 방법이 있다. 숲을 분류해보자.

▶ 생물 군계에 따른 숲의 분류

생물 군계에 따른 숲의 분류		
한대	온대	열대
타이가 (러시아어로 시베리아의 침엽수림의 의미)	온대 혼합림 온대 활엽수림 온대 침엽수림 온대 우림	열대 건조림 열대 우림

또 다른 숲의 분류로 UNESCO의 숲과 임야 분류가 있으며, 이 분류는 6개의 대분류로 나뉜 총 26종의 숲을 구분하여 표기하고 있다.

▶ UNESCO의 숲과 임야 분류

UNESCO의 숲과 임야 분류	
온대림	열대
상록 침엽수림 낙엽 침엽수림 혼합림 상록 활엽수림 낙엽 활엽수림 담수 습지 숲 경엽 건조림 조경림 수림 초지 외래종 조경림 개간림 미지정 수림 미분류 수림	저지 상록 활엽수 우림 저지 산림 고지 산림 담수 습지 수림 아 상록 활엽수 우림 혼합림 침엽수림 홍수림 개간림 낙엽 활엽수림 경엽 건조림 가시 산림 수림 초지 외래종 조경림 재래종 조경림

생물군계에 따른 숲의 기준을 가지고 기술사 시험 문제와 유사한 유형으로 문제를 만들어보자.

(1) 생물군계에 따른 숲의 기준에 대하여 설명하시오.
(2) 온대 혼합림과 열대 건조림의 차이에 대하여 논하시오
(3) 생물군계에 따른 숲의 종류를 열거하시오.
(4) 열대우림의 구분 기준과 임목의 종류에 대해 서술하시오.

나무만 보는 예비 기술사들에게는 열거한 네 문제가 모두 다른 문제처럼 보일 것이고, 숲을 보는 연습을 해 온 예비 기술사라면 앞의 네 문제를 하나의 문제로 볼 것이다. 즉, 앞의 네 문제를 모두 만족하는 하나의 답안을 만들 줄 알아야 한다. 그것이 답안 작성 연습하기를 통하여 얻고자 하는 것이다.

■□■ 왜 만들어야 하는가? 어떻게 만들어야 하는가?

기술사 시험에 합격하기 위한 준비과정을 설명하면서 아래 내용을 이 책에서 벌써 세 번째 강조하고 있다.

"왜 숲을 만들어야 하는가?"에 대한 답을 아래 표가 설명해주고 있기 때문이다. 그리고 "어떻게 만들어야 하는가?"에 대한 답도 아래 표가 설명해주고 있기 때문이다.

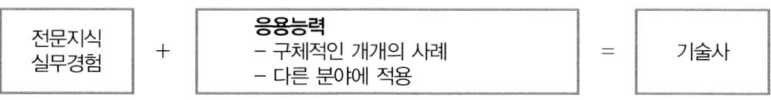

기술사법에서 기술사(제2조)란 "해당 기술분야에 관한 고도의 전문지식과 실무경험에 입각한 응용능력을 보유한 자"로 정의하고 있다. 전문지식을 물어보는 것이 아니므로 출제된 문제에 대한 답으로 상세한 내용을 서술하는 것만으로는 기술사 시험에 합격할 수 없다는 것을 의미하고 있는 것이다.

그렇다면 어떻게 생물군계에 따른 숲의 기준을 가지고 출제된 네 문제를 모두 만족하는 답안은 어떻게 만들어야 하는 것일까?

그 방법은 기출문제 분류하기를 통하여 나만의 노트 만들기가 완성되었다면 "왜 만들어야 하는가?"와 "어떻게 만들어야 하는가?"라는 두 가지 질문에 대한 해답을 동시에 얻을 수 있다.

기술사 시험은 1교시 주관식 단답형 문제를 제외한 2교시, 3교시, 4교시의 경우 서술형 주관식 문제를 채택하고 있다. 각 문제에 대한 해답은 적어도 3페이지 정도 작성하여야 한다.

▶ 4가지 문제 모두 만족하는 답안 작성 예

1. 정의	• 숲이란?
2. 숲의 분류기준	• 기상학적 요인 • 잎의 모양
3. 숲의 종류별 차이점	• 한대, 온대, 열대
4. 분류기준의 문제점 및 해결방안	• UNESCO의 숲과 임야 분류기준과 다름 • 미지정, 미분류 수림 지정
5. 분류기준 시 고려사항 및 적용성	• 지형학적, 지리적 분류기준 • 국내외 사례 • 국내 적용성

위에서 제시한 문제는 생물군계에 따른 숲의 기준이라는 하나의 공통된 영역에서 출제된 문제이다. 각각의 문제를 주관식 서술형 답안으로 작성해 보면 그 이유를 금방 알 수 있다. 4가지 문제에 대하여 공통적으로 들어가는 내용이 있을 것이며, 각 문제별로 3페이지를 채워서 답안지를 작성하기가 쉽지 않다는 것도 알게 될 것이다.

결국, 나만의 노트 만들기 과정을 통하여 만들어진 서브노트를 바탕으로 네 문제를 모두 만족하는 하나의 답안을 만드는 연습을 하는 것이 시험범위가 방대한 기술사 시험에 대응하는 가장 효율적인 준비방법이라고 생각한다.

▶ 하나의 답안을 만들 때 중점을 두어야 할 사항

중점사항	표현
종류별-장단점	전문지식
문제점-해결방안	실무경험
고려사항-적용성	응용능력

출제문제의 유형에 따라 다를 수 있지만, 합쳐지는 답안 3페이지에 위의 내용을 모두 표현하는 것이 가능하다면 그 답안이 전문지식과 실무경험을 바탕으로 한 응용능력을 가진 자를 뽑기 위한 기술사 시험 답안으로서 가장 모범적인 답안이 될 것이다.

기출문제 중 분류과정을 통해 정리된 200~250개의 문제 중에서 다시 개요부분이나 종류 등에는 공통된 내용이 들어가고, 서브노트의 내용을 합쳐서 3페이지 답안 작성이 가능한 문제들로 재분류하는 것이 바로 기출문제 합치기 과정이 된다.

기출문제 합치기는 주관식 서술형 문제에 해당하며, 단답형 주관식 문제의 경우 출제빈도, 난이도 등을 고려하여 기출문제 합치기가 되지 않는 문제는 별도로 1페이지씩 정리해두어야 한다.

▶ 예비답안 작성을 위해 분류된 과목별 문제들(수자원개발기술사)

수리학(35문제)

수문학(30문제)

댐공학(23문제)

하천공학(16문제)

정책 및 법(21문제)

▶ 과목별 목차(수자원개발기술사-수리학)

과목별 목차에 업그레이드 상황을 기록하여 합격할 때까지 관리하도록 한다.

			문제번호	
		수리학 (25점)		
하	4P	1.	Newton 유체 —	
하	3P	2.	Euler Equation · Bernoulli Equation —	
		3.	Navier Stokes Equation	
	4P	4.	발전소 출력 —	
하	4P	5.	에너지 보정계수 · 운동량 보정계수 —	
중	3P	6.	Moody diagram T	← 답안최적화 횟수 (一가 2회째)
상	3P	7.	조압수조 F	
하	3P	8.	Best hydraulic section —	
상	4P	9.	비에너지 F	
상	3P	10.	Specific force · Hydraulic jump F	
상	8P	11.	점변류 수면곡선식 T	
중		12.	표준축차법 ────	출제빈도에 따라 문제를 상중하로 분류
		13.	저수지내 퇴사 댐공학	
상	3P	14.	안전하도 F	
상	3P	15.	댐 여수로 댐공학	
		16.	댐 수문 댐공학	← 수리학과 댐공학 중복문제
상	3P	17.	감세공 댐공학	
		18.	방류용 구조물	
중	4P	19.	수리모형실험 T	← 작성한 답안지 페이지수
하	4P	20.	중력·점성력 지배흐름	
하	4P	21.	지하수 영향범위	

9 공부, 어떻게 해야 하는 것일까?

9.1 유태인들의 공부 방법

 2009년 12월 「KBS 스페셜: 세계탐구기획 2부작—유태인」은 "전 세계 인구의 0.2%에 불과한 유태인들이 어떻게 세계를 지배하는 민족으로 성장할 수 있었을까?"라는 의문을 던지며 전 국민의 폭발적인 관심을 불러일으켰다. 유태인의 교육은 문제 해결능력의 함양에 있으며 유태인의 전통 도서관 예시바를 소개하며 유태인들의 문제 해결능력 함양이 어떻게 이뤄지는지를 보여주었다.

■□■ 유태인 전통 도서관 예시바

 예시바(yeshiva, yeshivah, yeshibah)는 히브리어로 '앉아 있는' 이라는 뜻을 가진 유태인의 『탈무드』 교육기관을 가리키는 일반적인 명칭이다.

 예시바는 단순히 책을 읽는 도서관이 아니라 질문과 토론을 통해 진리에 접근하기 위하여 읽고 토론하고 끊임없이 문제 제기를 하는 유태인의 교육 방식이 살아 숨 쉬는 장소이다.

출처: 「KBS 스페셜」, 이스라엘 예시바

예시바는 두 명 이상이 앉도록 배치된 좌석에서 질문과 대답으로 항상 시끄럽다. 그 공간 속에서 나와 다른 의견을 듣고 토론하는 공부 방법을 채택하고 있었다. 끊임없는 문제 제기를 통하여 문제 해결능력을 길러내는 교육방식이 유태인의 교육방법인 것이다.

■□■ 토론식 공부

기술사자격시험을 준비하면서 엄청난 양의 공부 주제를 모두 이해한다는 것은 정말 힘든 일이다. 더욱이 그 주제들에 대한 실무경험이 없는 상태라면 더 이해하기 힘들고 어려울 것이다.

예시바와 같은 스터디형식의 토론식 공부는 모르는 문제에 접근해가는 과정에서 간접경험을 통하여 응용능력을 향상시키는 데 큰 도움이 된다.

스터디 그룹을 구성해 정기적으로 기술사 시험에 대하여 토론식으로 공부를 진행한다면 가장 큰 장점은 정보의 공유로 서로 도움을 주고받을 수 있다는 것이다. 또한, 최신 출제경향과 분야별 핫이슈 등을 접할 수 있을 뿐만 아니라 스터디 그룹에 참여하는 예비 기술사들과 나의 실력도 가늠해 볼 수 있으므로 더욱 분발하게 만드는 계기가 될 수도 있을 것이다.

토론식 공부 방법은 일반적으로 전문학원이나 사내 교육기관에서 임의로 스터디 그룹을 구성하는 경우와 직장이나 지역별로 그룹을 구성하여 자체적으로 진행하는 방식으로 구분할 수 있다.

기술사 시험 응시자가 많은 종목인 건축시공기술사, 건축전기설비기술사, 소방기술사, 정보관리기술사, 토목시공기술사 등은 학원 또는 자체적으로 스터디 그룹 인원을 모집하여 공부하는 방법이 활성화되어 있다.

이렇게 스터디 그룹을 만들어 토론식 공부를 병행하려는 경우 여러 명의 인원이 모여서 함께 토론을 벌일 수 있는 장소는 필수일 것이다.

최근에는 토론식 공부를 위한 스터디 룸이 많이 생겨나고 있다. 스터디 룸은 참가자들이 모이기에 접근이 용이하고, 자유로운 토론을 진행할 수 있는 분위기를 갖춘 곳이라면 좋을 것이다.

▶ 토론식 공부하기 좋은 장소

중점사항	특징
도서관 스터디 룸	무료
대여 스터디 룸	유료
북 카페	음료 주문 시 무료
독서실 스터디 룸	독서실 이용자 무료

▶ 북 카페 또는 대여 스터디 룸

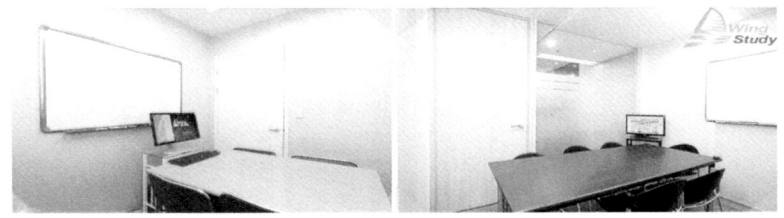

출처: 윙스터디 www.wingstudy.com

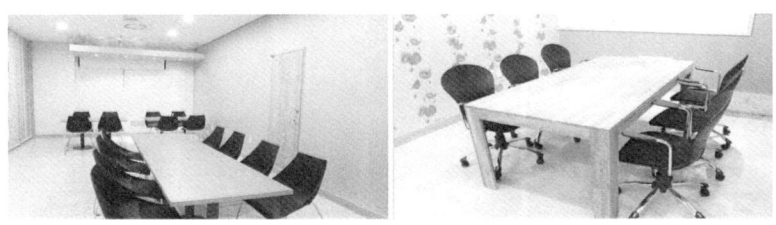

출처: 미플 www.meeple.co.kr

9.2 하버드생의 공부철학

기술사 시험공부는 어렵다. 명확하지 않은 시험범위로 인하여 공부해야 하는 양도 엄청나게 많다. 대부분 직장을 다니며 공부를 해야 하므로 시간적인 여유마저 부족하다.

열심히 공부하여 나름대로 논리적인 시험답안을 작성했다고 생각하는데 불합격하는 이유가 무엇인지 도저히 모르겠다. 그렇게 시간이 흐르고 시험 횟수가 늘어나면 마음도 지치고 몸도 힘들어진다. 하지만, 열심히 최선을 다해 노력하면서 흘리는 땀의 가치를 의심해서는 안 된다.

아래 표는 하버드생의 30가지 좌우명(30 commandments in Harvard)으로 하버드대학교 도서관에 쓰여 있는 문구라고 한다. 그중에서 지금 막 기술사 시험공부를 시작하려고 준비하고 있거나 또는 현재 열심히 기술사 시험공부를 하고 있는 예비 기술사들에게 들려주고 싶은 내용만 추려보았다. 지금은 힘들고 고통스럽겠지만, 기술사 시험에 합격할 수 있다는 희망과 각오를 새롭게 해주는 글들이다.

▶ 30 commandments in Harvard 중에서

06. Not studying is because of not trying not due to the lack of time.
    (공부할 시간이 부족한 것이 아니라 하고자 하는 노력이 부족한 것이다.)

07. Happiness is not the order of merit but a success is.
    (행복은 성적순이 아닐지 몰라도 성공은 성적순이다.)

09. Enjoy the suffering if you can't escape.
    (피할 수 없는 고통은 즐겨라.)

10. We should start working early and with assiduity before other people do to take a taste of success.
    (남보다 더 일찍 더 부지런히 노력해야 성공을 맛볼 수 있다.)

11. Success doesn't approach to everyone. It approaches with trying and controlling their own heart.
    (성공은 아무나 하는 것이 아니다. 철저한 자기 관리와 노력에서 비롯된다.)

16. People who invest in the future are those who are faithful in actuality.
    (미래에 투자하는 사람은 현실에 충실한 사람이다.)

19. Enemies' pages are turning over even at this moment.
    (지금 이 순간에도 경쟁자들의 책장은 넘어가고 있다.)

20. No pain, no gain.(고통이 없으면 얻는 것도 없다.)

21. Why do you not catch your success that is looking at you right in front of you?
    (꿈이 바로 앞에 있는데, 당신은 왜 팔을 뻗지 않는가?)

24. Your score is in proportion to your time that you spent for studying.
    (점수는 당신이 공부한 시간의 절대량에 비례한다.)

27. Impossibility is an excuse of people who don't try.
    (불가능이란 노력하지 않는 자의 변명이다.)

28. Compensation of trying will never disappear without a reason.
    (노력의 대가는 절대로 이유 없이 사라지지 않는다.)

선배 기술사들의 기술사 합격수기를 읽어보면 어떤 마음가짐으로 얼마나 노력했는지를 알 수 있을 것이다. 기술사가 된다는 것은 고통과 인내가 요구되고, 그래서 더 값지고 의미가 있는 것이 아닐까 생각한다.

기술사 시험에 합격하기 위한 나의 공부철학은 무엇일까? 기술사 시험을 준비하고 있는 예비기술사 당신의 공부철학은 "I can do it"이다.

10 공부, 왜 해야 하는 것일까?

10.1 누구나 기술사 시험에 합격할 수 있는 것은 아니다

매회 1만여 명의 사람들이 기술사 시험에 응시한다. 이 중 시험에 출석하지 않거나 2교시 이후 답안을 제출하지 않은 사람은 결시자로 처리되며, 결시자를 제외한 응시자가 기술사 1차 필기시험의 채점 대상자가 된다. 응시자를 기준으로 한 2008년과 2009년의 기술사 시험 합격률은 6.2~9.8% 정도이다.

결시자가 2교시까지는 시험을 치른 후 시험을 포기하고 3교시 시험에 응하지 않는 사람이 대부분이라는 점을 고려하면 실제 대상자를 기준으로 한 기술사 시험의 합격률은 5.1~8.1% 정도로 낮아진다.

이러한 합격률은 토목시공기술사나 건축시공기술사와 같이 응시자가 많은 종목의 합격률이 전체 합격률에 미치는 영향으로 인한 결과이며, 응시자가 적은 종목의 경우 합격률은 더 낮아지게 된다. 대기관리기술사의 경우 2009년 89회 검정 시 합격률이 1.4%에 불과하였다.

최근 2년간 기술사자격시험 응시현황

구분	회차	종목 수	대상자	응시자	결시자	합격자
	89	42	11,656명	9,811명	1,845명	819명
2009년	88	40	9,832명	7,662명	2,170명	678명
	87	56	11,935명	9,792명	2,143명	699명
	86	44	11,115명	9,112명	2,003명	572명
2008년	85	40	8,091명	6,664명	1,427명	656명
	84	57	11,541명	9,040명	2,501명	816명

출처: 한국산업인력공단

응시자가 많은 토목시공기술사의 경우 84~89회의 평균 합격률은 8.1% 정도이며, 건축시공기술사의 경우 10.1% 정도이다.

이 기간 중 건축시공기술사는 89회에 14.7%의 높은 합격률을 기록하였으며, 86회에 가장 낮은 5.5%의 합격률을 기록했다. 86회 토목시공기술사는 합격률은 건축시공기술사보다 더 낮은 4.3%를 기록하였다.

이렇듯 기술사 시험의 합격률은 회별로 큰 차이를 보이고 있으나 기술사 시험을 접수한 대상자 및 응시자의 수는 큰 차이 없이 비슷한 비율을 유지하고 있는 것도 하나의 특징이다.

기술사 응시자가 많은 토목시공기술사와 건축시공기술사의 경우에는 연 3회 기술사자격검정을 시행하고 있으며 해마다 300명이 넘는 합격자가 나오고 있으므로 실제 합격률이 대단히 높은 편이라 할 수 있다.

▶ 토목시공기술사 및 건축시공기술사 응시현황

종목명	회차	대상자	응시자	결시자	합격자
토목시공 기술사	89	2,325명	1,975명	350명	184명
	88	2,505명	1,954명	551명	191명
	87	2,369명	1,967명	402명	105명
	86	2,327명	1,919명	408명	82명
	85	2,164명	1,803명	361명	223명
	84	2,159명	1,718명	441명	126명
건축시공 기술사	89	1,838명	1,542명	296명	226명
	88	2,131명	1,605명	526명	112명
	87	1,895명	1,553명	342명	102명
	86	1,750명	1,393명	357명	77명
	85	1,708명	1,420명	288명	197명
	84	1,798명	1,405명	393명	179명

출처: 한국산업인력공단

합격률이 높은 토목시공기술사나 건축시공기술사와 달리 건축구조기술사 및 교통기술사 등은 타 기술사종목에 비해 합격률이 낮은 편이다.

이렇듯 합격률이 저조한 종목은 해마다 배출되는 합격자 수가 적기 때문에 회마다 중복해서 시험을 접수하는 응시자를 고려한다고 하여도 항상 높은 경쟁률이 유지되어 합격하기가 대단히 어렵다. 또한, 예비응시자라고 할 수 있는 결시자 수 또한 월등히 많기 때문에 경쟁은 더욱 치열해질 것이다.

기술사 시험의 합격률이 낮은 종목에 도전하는 예비 기술사들은 경쟁자라 할 수 있는 대상자들의 수를 파악하여야 한다. 그러면 얼마나 치열하게 공부를 해야 기술사 시험에 합격할 수 있을지 실감할 수 있을 것이다.

▶ 89회 기술사자격검정 합격률이 낮은 종목

종목명	대상자	응시자	결시자	합격자	합격률
건축구조기술사	229명	188명	41명	5명	2.7%
교통기술사	246명	207명	39명	7명	3.4%
대기관리기술사	79명	69명	10명	1명	1.4%
발송배전기술사	279명	262명	17명	9명	3.4%
상하수도기술사	225명	186명	39명	5명	2.7%
소방기술사	996명	892명	104명	14명	1.6%
자연환경관리기술사	169명	140명	29명	3명	2.1%
정보통신기술사	393명	345명	48명	12명	3.5%
철도기술사	123명	96명	27명	3명	3.1%
토질 및 기초기술사	520명	431명	89명	13명	3.0%

출처: 한국산업인력공단

기술사자격검정 중 항공기체기술사와 섬유공정기술사 등은 기술사 시험을 접수하는 대상자가 아주 적으며, 결시자도 적기 때문에 대상자 수가 응시자 수와 거의 같다. 이러한 종목들의 경우 응시자가 적기 때문에 기술사자격검정을 시행하는 횟수도 연 1회 정도만 시행되고 있다.

▶ 기술사자격검정 응시율이 낮은 종목

회차	종목명	대상자	응시자	결시자	합격자
89	항공기체기술사	9명	8명	1명	2명
88	섬유공정기술사	4명	2명	2명	2명
88	수산제조기술사	2명	2명	–	1명
88	염색가공기술사	3명	3명	–	1명
88	의류기술사	5명	5명	–	2명
88	제품디자인기술사	8명	4명	4명	2명
87	금속가공기술사	7명	7명	–	2명
87	방사기술사	3명	3명	–	1명
87	수산양식기술사	8명	6명	2명	3명
87	표면처리기술사	9명	7명	2명	4명

출처: 한국산업인력공단

기술사자격시험은 종목별로 응시자 수와 합격률에서 큰 차이를 나타내고 있으므로 공부를 시작하기 전에 어떤 종목에 도전할 것인지 선택해야 한다. 자신의 업무와 생활패턴을 고려하지 않고 합격률이 낮은 종목에 무리하게 도전하는 것보다는 합격률이 높은 종목에 도전하는 것도 하나의 방법이다.

동일한 기술분야 내 종목들은 실무에서도 자주 접하게 되는 분야라 생소함이 덜하므로 준비만 잘한다면 오히려 더 빨리 기술사 시험에 합격할 수 있다. 토목시공기술사와 토질 및 기초기술사를 함께 취득하거나 동일 기술분야가 아니더라도 실무적으로 유사할 경우 자연환경기술사와 조경기술사를 함께 취득하는 등 2가지 이상의 기술사자격을 취득한 기술사분들도 많이 있으니 기술사 시험 준비에 앞서 종목의 선정도 신중히 고려해야 한다.

▶ 동일 기술분야 내 자격종목별 응시율

기술분야	자격종목	회차	대상자	응시자	결시자	합격자
토목	농어업토목기술사	88	83	57	26	14
	도로 및 공항기술사	89	254	195	59	8
	상하수도기술사	89	225	186	39	5
	수자원개발기술사	89	181	141	40	14
	철도기술사	89	123	96	27	3
	측량 및 지형공간정보기술사	89	99	70	29	8
	토목구조기술사	89	288	229	59	10
	토목시공기술사	89	2,325	1,975	350	184
	토목품질시험기술사	87	115	91	24	14
	토질 및 기초기술사	89	520	431	89	13
	항만 및 해안기술사	88	45	32	13	3
건축	건축구조기술사	89	229	188	41	5
	건축기계설비기술사	89	258	219	39	18
	건축시공기술사	89	1,838	1,542	296	226
	건축품질시험기술사	87	33	30	3	5
정보처리	전자계산조직응용기술사	89	253	212	41	8
	정보관리기술사	89	658	564	94	38

10.2 PMIism과 기술사Iism은 같다

■□■ PMP(Project Management Professional)

PMP(Project Management Professional)는 1996년에 설립된 미국의 프로젝트 관리 전문가 단체인 PMI(Project Management Institute)에서 인증하는 자격이다.

1984년 미국 필라델피아에서 처음 시행된 이후로 현재 전 세계 120여 개국에 23만여 명(2007년 기준)의 PMP가 있을 만큼 프로젝트 관리 분야의 전문성과 권위를 상징하는 자격으로 자리 잡고 있다.

초창기에는 미국과 캐나다를 중심으로 시행되었으나, 점차 전 세계적으로 확산되어 최근에는 중국, 인도를 중심으로 아시아 쪽의 취득자들이 크게 늘었고 국내에서도 많은 기업이 프로젝트의 성공적인 수행 및 내부 역량 강화를 위해 PMP 자격 취득을 독려하고 있다. IT분야의 기술사종목인 전자계산조직응용기술사 및 정보관리기술사를 준비하는 예비 기술사들에게는 익숙한 자격일 것으로 안다.

PMBOK 지침서의 5개 프로세스 과정을 기술사 공부 과정과 맞춰 지금까지의 준비과정을 정리해보자.

구분	Initiation	Planning	Executing	Monitoring & Controling	Closing
PMP	프로젝트 계획, 준비, 검토, 조율	프로젝트관리 계획개발 리스크 식별 품질기획 활동기간산정	프로젝트실행지시 및 관리 정보배포	범위통제 프로젝트 작업감시 및 통제 일정 통제	프로젝트 종료
기술사 공부	시험접수 공부계획	시간계획 공부장소 스터디그룹	나만의 노트 만들기 답안 작성방법 연습하기	공부계획 공부성과 답안품질	시험

프로젝트관리 프로세스는 다음과 같은 연결 관계도로 이루어진다.

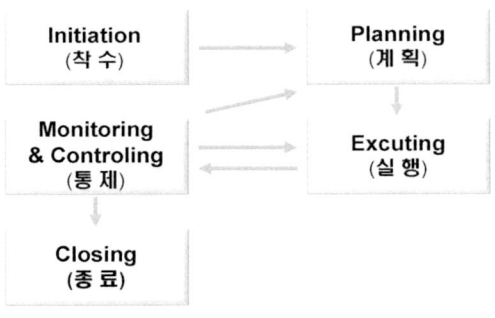

기술사 시험은 많은 시간투자와 노력을 바탕으로 하기 때문에 PMP의 프로젝트관리 프로세스처럼 체계적으로 정리하여 준비하는 것이 효율적이며 성과가 클 것이라 여겨 소개하였다.

또한, 지금까지 2장에서 기술사 준비과정을 소개하며 서술한 내용을 키워드를 이용하여 표와 그림으로 표시하고 비교해보았다.

PMP 시험은 객관식 문제를 푸는 시험이지만 주관식으로 답안을 작성하는 기술사 시험과 비슷한 점이 있다. PMP 시험을 준비하는 데 있어 중요한 사항 중 하나인 PMIism에 대해 알아보자.

프로젝트 관리는 관점에 따라서는 '정답은 없다'고 말할 수도 있다. 실제로 많은 프로젝트 관리자들이 수행 중인 프로젝트에 있어 각자 고유한 경험과 가치관에 따라 의사결정을 하며 그것이 최선의 답이라고 생각한다. PMP 시험에서는 많은 상황에 관련된 문제들이 시험에 자주 출제되는데 시험문제는 객관식이며, 4가지 선택 중 최선의 의사결정 방법이 무엇인지를 묻는 것이다.

학습 도중 연습문제를 풀면서 본인의 생각과 정답이 서로 다른 경우가 많이 발생하는데 수험생들이 PMP 시험에 합격하기 위해서는 출제자의 시각으로 본인의 시각을 교정하여야만 하며, 그것을 PMIism이라 한다.

　기술사 시험도 마찬가지다. 주관식으로 진행되기 때문에 출제자의 의도와 채점자의 눈높이가 무엇보다 중요하다. 문제에 대한 자신의 논리로 채점자를 이해시키기 위한 답안을 만드는 것이 아니라 채점자가 이해하기 좋은 답안을 작성해야 하는 것이 기술사 시험과 PMP 시험의 닮은 점이라 할 수 있다. 출제자의 시각으로 본인의 시각을 교정해야 하는 PMIism과 채점자가 이해하기 좋은 답안을 만들어야 하는 기술사ism은 같은 의미가 아닐까 싶다.

구분	PMP	기술사 시험
통합관리 Integration Management	프로젝트의 다양한 요소를 적정하게 조직화	공부과정을 올바른 순서로 처리
범위관리 Scope Management	프로젝트의 성공적 수행을 위한 일의 범위	공부 양, 범위 정하기
시간관리 Time Management	프로젝트 완료 시간 내 수행	준비와 공부시간
원가관리 Cost Management	예산 내 수행	학원, 도서 구입, 복사
품질관리 Quality Management	목표 품질 만족 정도	답안 작성 정도
인력관리 Human Resource Management	효과적인 인력운영	직장, 가족, 스터디 팀
의사소통관리 Communication Management	이해당사자 간 프로세스 정보 공유	채점자 눈높이 공유
리스크관리 Risk Management	위험인식, 분석, 처리	출장, 병가, 회식
조달관리 Procurement Management	필요항목 외부조달	정보, 자료

10.3 공부, 스트레스 해소방법

　기술사 공부를 시작하게 되면 가정에서 아빠와 남편은 사라지게 된다. 직장에서 일과가 끝나면 곧장 독서실이나 도서관으로 향해야 하고 휴일에도 공부하느라 가족과 함께할 시간이 없어진다. 집에서 공부를 하더라도 굳게 문을 닫고 책과 노트와 씨름해야 한다.

　기술사 시험공부를 하는 예비 기술사도 물론 힘들지만 공부하는 기간 동안 가족도 함께 힘들어진다. 기술사 시험에 합격해 기술사가 되면 가족들에게 잘해줘야지 하고 마음을 먹지만, 워낙 합격률이 낮다 보니 열심히 공부하여도 합격에 대한 보장이 없어 더욱더 힘들어지는 것이 기술사 시험공부이다.

　시험에 대한 부담감과 가족에 대한 미안함으로 시험 스트레스가 커지게 마련이다. 예비 기술사의 공부 스트레스, 독서실과 도서관에 아빠와 남편을 빼앗긴 가족들을 위한 스트레스 해소법을 몇 가지 소개하려 한다.

　시간도 짧고 방법도 간단한 몇 가지 요리방법과 단시간 내 최대의 운동효과를 낼 수 있는 배드민턴이다. 짬을 내어 적극적으로 가족과의 시간을 의미 있게 보낸다면 가족에게도 본인에게도 이런 스트레스가 조금이나마 덜어지지 않을까 싶다.

▶ 추천 요리 & 스포츠

구분	좋은 점	추천 요리 & 스포츠
요리	• 뇌가 활성화되고 기분전환에 좋음 • 직접 만든 요리를 먹으면 만족감도 높음	• 찹 스테이크 • 연어구이
스포츠	• 장소에 구애 받지 않음 • 같이 운동하는 사람들과 친목도모에 좋음 • 셔틀콕을 치는 과정에서 스트레스 해소	• 배드민턴

■□■ 알록달록 색깔이 예쁜 찹 스테이크 만들기

찹 스테이크는 맥주나 포도주와 같은 술안주 요리로도 좋다. 물론, 재료와 요리방법은 아주 간단하다. 쇠고기 부챗살과 양파, 피망을 깍두기 정도 크기로 비슷하게 잘라서 프라이팬에 볶기만 하면 된다. 만드는 방법은 아주 간단하지만, 요리를 내놓을 때 듣게 되는 칭찬이 귀를 즐겁게 해주는 요리다.

요리 재료(3인분 기준)

부챗살 또는 채끝
양파 1/2개
피망 1개
소금
후추
올리브오일

▶ 만드는 방법

1. 부챗살을 물에 씻고 키친타월로 눌러 핏기를 제거한다.

2. 부챗살을 가로 세로 2.0㎝ 정도의 크기로 자른다.

3. 소금, 후추, 올리브오일을 넣고 버무려 중불에 볶는다.

4. 고기가 익으면 양파, 피망을 함께 넣고 조금 더 볶아주면 완성된다.(돈까스 소스나 스테이크 소스를 곁들여도 좋다.)

■□■ 데리야키 연어구이

생선은 요리하기가 쉽지 않은 식재료다. 갖은 양념이 들어가는 조림도 어렵고, 냄새 때문에 구이도 만만치 않다. 앞에서 소개한 쇠고기 요리만큼이나 쉬운 데리야키 연어구이를 소개한다. 데리야키 소스는 양념구이용 일본간장으로 마트에 가면 쉽게 구입할 수 있다. 연어는 손질이 된 상태로 팔기 때문에 데리야키 소스와 함께 굽기만 하면 된다.

요리 재료(3인분 기준)

연어 한 토막
데리야키 간장
올리브오일

▶ 만드는 방법

1. 연어를 물에 씻고 키친타월로 눌러 물기를 제거하고 적당한 크기로 자른다.

2. 연어에 데리야키 간장소스를 뿌린 후 잘 버무려 준다.(올리브유는 약간만)

3. 약한 불에 천천히 구워낸다. 뒤집을 때는 뭉개지지 않도록 조심한다.

4. 반 정도 익으면 뒤집어서 나머지 부분도 익혀주면 완성된다.(너무 익히면 퍽퍽할 수 있으니 주의한다.)

■□■ 배드민턴

배드민턴은 몸놀림이 빠른 운동으로 경기 내내 셔틀콕을 쫓아 바쁘게 움직이다 보면 땀도 많이 나고 운동시간 대비 체력 소모가 많다. 그래서 뱃살과 종아리 살을 빼는 데에도 매우 효과적이다.

배드민턴을 쉬지 않고 1시간 쳤을 경우 평균적으로 315kcal 정도 소모된다고 한다. 1시간 기준으로 보면 달리기 196kcal, 경보 114kcal의 열량이 소모되는 것에 비하면 엄청난 효과이므로 규칙적으로 할 경우 예비 기술사들의 체력 유지에도 큰 도움이 될 것이다.

▶ 배드민턴의 장점

① 특별한 기술 없이 남녀노소 누구나 가볍게 즐길 수 있는 대표적인 가족 스포츠
② 원래 체육관 등 실내에서 하는 스포츠지만 실외에서도 즐길 수 있고, 학교나 가정 등 장소에 구애를 받지 않는다.
③ 넓은 공간이나 복잡한 기구 등이 필요하지 않다.
④ 위험성이 거의 없어 안심하고 즐길 수 있다.
⑤ 배드민턴은 자신의 능력과 체력에 맞게 운동량을 조절할 수 있어 재미와 즐거움을 더할 수 있다.
⑥ 공의 무게가 가볍고 약간의 훈련을 통해 기본기를 익히면 누구나 잘할 수 있는 운동이어서 가족 모두 함께 즐길 수 있다.
⑦ 빠른 동작을 요구하는 운동의 특성상 단시간에 몸을 많이 움직이게 돼 행동의 민첩성이 높아지고 집중력도 크게 향상된다.
⑧ 달리기, 도약, 몸의 회전 등 전신운동을 하게 함으로써 우리 몸의 신경계는 물론 호흡 순환계의 발달에도 도움을 준다.
⑨ 배드민턴 활동형태가 달리고 치는 동작으로 이뤄져 현대인들에게 많이 발생하는 스트레스와 그로 인한 위장장애에도 효과적이다.
⑩ 상대팀과 셔틀콕을 주거니 받거니 하다 보면 친목도 쌓을 수 있어 원만한 대인관계 형성에도 도움을 준다.

학습 _ 學習 _ Study
공부에도 방법이 있다

overview

- 기출문제
- 노트
- 답안
- 표 & 그림
- Keyword
- 토의
- 참고자료

11 나만의 노트 만들기

11.1 일반노트와 답안지형 노트

기술사 시험에 합격하기 위하여 좋은 점수를 얻으려면 요약노트 또는 서브노트로 불리는 나만의 노트를 만드는 과정이 반드시 필요하다.

이 과정에서 기출문제를 중심으로 관련 서적과 참고자료를 정리해 가면서 스스로 중요한 것과 덜 중요한 것을 가려내는 눈이 생기고, 정리해 노트에 옮겨 적으면서 한 번 더 복습하는 효과가 있기 때문이다.

무엇보다 답안 작성 연습을 통하여 지속적으로 답안을 업그레이드하기 위한 기초자료로서 중요하다.

서브노트는 기출문제를 과목별로 정리하여 별개의 서브노트로 몇 권을 작성하는 것이 좋다. 그러나 출제빈도가 적은 과목의 경우 별도로 서브노트를 만드는 것보다는 한 권의 서브노트에 같이 작성하는 것이 관리도 그렇고 필요 시 찾아보기에도 용이할 것이다.

▶ 서브노트(サブノート: 일본 조어, subnote) [명사]
　(내용 정리를 위한) 보조노트

기술사 시험공부를 하는 예비 기술사 중의 상당수는 자신이 직접 작성한 서브노트를 가지고 있지 않은 경우도 많다. 나만의 노트를 만들지 않고, 관련서적이나 선배 기술사의 서브노트를 보고 바로 답안 작성을 하는 것이다. 이럴 경우 답안을 작성하고 업그레이드해 가는 데 극명한 한계를 보이게 된다.

기술사 시험은 객관식으로 출제되는 것이 아니라 주관식 서술형으로 출제되므로 답안 자체가 요약노트가 되어버리는 경우가 많고, 수동적인 암기 위주의 공부를 하게 되기 때문에 유사한 문제나 변형된 문제가 출제되었을 때 이를 적절히 응용하여 답안을 작성하기가 어렵게 된다.

이것을 흔히 기술사 시험공부의 "기초가 부족하다" 또는 "내공이 부족하다"라고 말하기도 한다. 기술사 시험은 자신의 손으로 직접 요약 정리한 서브노트를 바탕으로 답안 작성 연습하기를 통하여 지속적으로 답안을 개선해 나가는 방식으로 대비를 하여야 한다.

기술사 시험 자료와 기출문제를 정리하기 위한 서브노트는 일반적으로 스프링 형태의 두꺼운 일반노트나 기술사 시험 답안지를 복사하거나 출력하여 요약노트로 활용하는 경우가 많다.

간결하면서도 내용이 풍부한 답안을 작성하기 위해서는 서브노트의 지속적인 업그레이드가 중요하다. 한번 작성된 서브노트에 새로운 자료를 업그레이드할 때는 형광펜이나 포스트잇과 같은 소도구가 유용하다.

결국 기술사 시험은 잘 정리된 서브노트를 바탕으로 채점위원이 요구하는 답안을 정해진 시간 내에 작성할 수 있는지 여부가 당락을 좌우하게 된다.

일반노트 or 답안지형 노트

구분	일반노트	답안지형 노트
장점	• 구입이 용이 • A4용지보다 필기력 우수 • 보관 용이	• 편집(장별 교체)이 용이 • 답안지 적응력 향상
단점	• 편집(장별 교체)이 불리 • 과목별 추가 노트 필요	• 필요 시 복사나 출력 • 분실 우려(낱장) • 보관이 불편
소도구	• 포스트잇 • 형광펜	• 집게, 바인더, 클리어파일 • 문서보관 BOX

▶ 기술사 시험 노트와 예비답안, 소도구들

수자원개발기술사 준비를 위한 기본서적들이다. 기술사 종목마다 시험 준비를 위한 기본서적들이 있다.

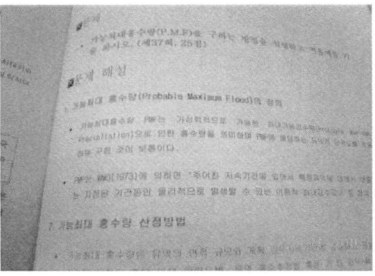

참고서적들은 문제와 문제해설로 구분되어 있으며 선배 기술사 노트들도 이와 같이 정리되어 있는 경우가 많다.

기본서적과 참고서적을 정리하여 이해와 암기가 쉽게 포스트잇과 형광펜으로 표시하여 나만의 노트를 만든다.

예비답안은 완성될 때까지 몇 번씩 반복해서 작성하므로 집게가 달린 문서파일을 이용하면 정리가 편리하다.

예비답안은 낱장으로 작성되므로 파일에 과목별로 정리하도록 한다.

파일케이스를 이용하면 답안지, 형광펜, 볼펜, 포스트잇, 자 등 공부에 필요한 필기도구를 보관하기 편리하다.

11.2 서브노트 작성방법

　기술사 시험 서브노트에 무엇을 정리해야 하는지는 기출문제에서 알 수 있다. 수자원개발기술사 시험문제의 경우 75회에서 89회까지 총 10회 기술사 시험을 치르는 동안 제방 관련 문제가 총 11번 출제되었으며, 보와 낙차공과 관련된 문제의 경우 총 10번 출제되었다.
　수자원개발기술사 시험에서 제방과 하천 횡단시설의 경우 매회 출제되는 중요한 문제다. 타 기술사 시험문제의 경우도 기출문제를 정리해보면 유사한 형태로 항시 출제되는 문제가 있다.

▶ 출제빈도가 높은 기출문제 정리

출제문제	정리내용
89회 〈제2교시〉 5. 제방의 누수방지대책에 대하여 설명하시오.	- 누수방지대책
87회 〈제4교시〉 3. 제방의 종류와 특성을 설명하시오.	- 종류와 특성
86회 〈제2교시〉 3. Earth dam 또는 제방의 누수(침투)에 대한 안정성 검토방법에 대하여 설명하시오. 〈제3교시〉 1. 배수구간에서 제방의 분류, 제방구간에서의 제방고 및 둑마루폭 설치기준에 대하여 설명하시오.	- 안정성 검토방법 - 설계기준
85회 〈제1교시〉 8. 고규격 제방에 대하여 설명하시오. 〈제4교시〉 2. 제방과 호안의 안정성 확보 방안에 대하여 설명하시오.	- 종류 - 안정성 확보방안

출제문제	정리내용
80회 <제2교시> 1. 제방의 안정에 영향을 미치는 인자 중 제방 누수(침투)의 원인과 대책에 대하여 설명하시오. <제3교시> 4. 배수구간(back water)의 제방고 및 둑 마루폭 결정방법에 대하여 설명하시오.	-누수(침투) 원인 -설계기준
78회 <제2교시> 5. 제방 설계를 위한 제방고, 둑 마루폭, 비탈경사에 대하여 각각 설명하시오.	-설계기준
76회 <제3교시> 1. 제방 축제 시 연약지반처리공법에 대하여 설명하시오.	-연약지반처리
75회 <제3교시> 2. 하천제방의 붕괴 원인과 제방 안정성 향상을 위한 개선방안에 대하여 설명하시오.	-붕괴 원인 -안정성 확보방안

75회에서 89회까지 총 11번 출제된 제방 관련 문제를 만족시키기 위해서는 서브노트에 다음의 내용을 정리하면 된다는 것을 알 수 있다.

1. 제방의 종류와 특성
2. 설계기준
3. 누수(침투) 및 붕괴 원인
4. 안정성 검토방법
5. 안정성 확보방안(누수방지대책, 연약지반처리방법)

출제빈도가 낮은 문제의 경우도 출제빈도가 높은 문제의 정리순서와 같이 종류와 특성(장단점), 기준, 원인, 고려사항, 대책 등의 순서로 정리하면 답안 작성방법 연습하기가 훨씬 수월하다.

▶ 출제빈도가 낮은 기출문제 정리

출제문제	정리내용
89회 〈제2교시〉 4. 댐 건설 공사 시 유수전환방식에 대하여 설명하시오.	- 종류와 특성
78회 〈제3교시〉 3. 가물막이(댐)의 설치시기, 높이, 형식을 각각 설명하시오.	- 설치시기 - 높이, 형식

75회에서 89회까지 총 2번 출제된 유수전환방식과 관련된 문제이다. 89회 문제는 세부적인 질문사항이 없이 포괄적이며, 78회의 경우 설치시기, 높이, 형식 3가지를 설명하라는 문제이다. 일반적으로 이러한 문제도 제방문제와 같은 방법으로 정리하는 것이 좋다

1. 유수전환방식의 종류(형식)와 특성
2. 형식별 장단점
3. 설계기준(높이)
3. 설치 시 고려사항(설치시기, 지형조건 등)
4. 문제점 및 개선대책

계산문제가 출제되는 기술사 종목의 경우 문제의 난이도는 그다지 높지 않게 출제되는 경향이 많다. 난이도가 높지 않은 이유는 단순히 문제의 풀이과정과 정답 정도만을 요구하는 것이 아니기 때문이라는 것을 알아야 한다. 문제의 풀이과정과 정답을 적기에 앞서 문제를 풀기 위한 기본 식의 유도과정이나 계산문제의 적용분야에 있어 일반적인 문제점과 대책까지 함께 기술한다면 높은 점수를 받을 수 있을 것이다.

토목구조기술사나 건축구조기술사와 같이 난이도가 높은 계산문제의 출제문항 수가 많은 종목의 경우도 마찬가지이다. 문제 유형별로 분류한 후 정리하되 기본 식을 유도하는 과정을 함께 정리해두는 것이 좋다. 기본 식을 유도할 때는 ○○법칙이라든가, 기본 식을 유도하는 과정에 들어가는 공식의 이름도 영어 또는 한문과 같이 정리해두는 것이 좋다.

서브노트에 정리된 자료들은 모두 예비답안 작성을 위한 답안 작성 연습하기에서 활용된다.

11.3 표, 그림, 개념도 그리기

전공서적, 참고자료, 관련서적, 논문, 기준, 지침 등에 나와 있는 표나 그림, 개념도를 서브노트에 옮겨 적을 때에는 될 수 있으면 다양하게 표현해두는 것이 좋다. 표, 그림, 개념도 등은 기술사 시험에서 눈에 잘 들어오는 답안을 표현하는 데 아주 유용하다.

눈에 잘 들어오는 답안이란 가독성이 높은 답안을 말한다. 기술사 시험 답안은 수많은 경쟁자들의 답안 사이에서 채점자의 눈에 들고, 채점자가 읽기 좋은 답안을 만들어야 하며, 가독성이 좋은 답안으로 만들어야 한다는 것이다.

▶ 가독성(可讀性) [명사]
인쇄물이 얼마나 쉽게 읽히는가 하는 능률의 정도, 활자체, 글자 간격, 행간, 띄어쓰기 따위에 따라 달라진다.

표나 그림을 서브노트에 다양하게 표현해두어야 하는 이유는 획일화된 기술사 시험 답안을 만들지 않기 위해서다. 같은 종목을 준비하는 대부분의 예비 기술사들은 비슷한 참고자료들을 가지고 기술사 시험 준비를 하게 된다. 비슷한 참고자료들 속에는 비슷한 그림과 표들이 정리되어 있으므로 시험에 이와 관련된 문제가 출제되면 대부분 비슷한 그림과 표를 그리게 된다.

이 문제를 공부한 대부분의 예비 기술사들은 아는 문제가 출제되었다고 좋아하면서 모두 비슷한 그림과 비슷한 표를 작성하게 된다. 하지만, 모두 획일화된 답안을 작성하고 있는 것이다. 모두 같은 표와 같은 그림을 그렸다면 채점자는 어떻게 점수를 차별화할까?

아마도 채점자는 유사한 답안에 대해서는 좋은 점수를 주지 않을 것이다. 좀 더 차별화하고 응용능력을 발휘한 답안에 대해 좀 더 좋은 점수를 줄 것이다.

독창적이고 차별화된 답안을 만드는 과정은 무에서 유를 창조하는 과정이 아니다. 유에서 유를 창조하는 과정이다. 수집한 다양한 표와 그림으로부터 나만의 표와 그림을 만들어야 한다.

관련서적 이외의 다양한 표와 그림들은 어디에서 수집할 수 있을까? 자료수집 방법은 어렵지 않다. 학회지, 논문, 각종 세미나, 워크숍 등의 발표 자료에서 얻을 수 있다.

또한 관련학회 및 협회의 홈페이지는 학회지, 협회지 및 각종 세미나 워크숍 발표자료 등을 얻을 수 있을 뿐 아니라 최신 기술동향, 이슈 등의 최신정보도 습득할 수 있으므로 자주 방문해보는 것이 좋다.

기술사 시험의 출제위원, 채점위원 및 면접위원 모두 학회나 협회 소속 회원들이기 때문에 세미나 워크숍의 발표 주제가 기술사 시험 문제로 출제되는 경우도 많으며, 이러한 이슈나 새로운 소식들은 면접시험에도 도움이 되므로 관련 학회나 협회 소식에 관심을 기울여야 한다.

아래 표의 정부부처 및 소속기관 산하 연구소 및 연구원 등의 홈페이지는 원문보기가 가능한 곳이 많으므로 관련 자료를 수집할 수 있다.

▶ 원문보기가 가능한 홈페이지

기관	홈페이지
국회도서관	www.nanet.go.kr
국토해양 전자정보관	www.codil.or.kr
정부부처 및 소속기관 연구소 및 연구원	각 부처 및 소속기관 홈페이지
학회 및 협회	인터넷 검색
토목연구정보센터	www.ceric.net

▶ 원문보기가 가능한 홈페이지

국회도서관 메인화면

자료 검색 화면

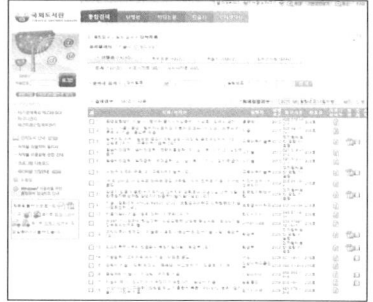

국토해양 전자정보관

자료 검색 화면

한국건설기술연구원 메인화면   KICC 연구보고서 열람 화면

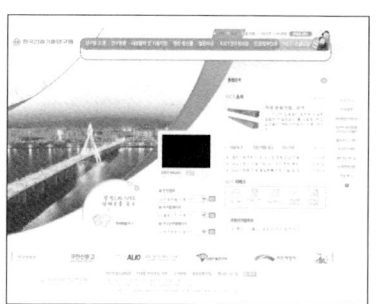

　업무를 통해 자주 접하게 되는 파워포인트 형식의 각종 발표자료 또한 잘 보관해두었다가 나만의 표와 그림을 만들기 위한 자료로 활용하면 좋을 것이다.

　특히, 관련분야의 파워포인트 형식의 발표 자료는 기술사 시험공부를 위한 아주 중요한 자료이다. 해당 종목이 속한 관련분야의 연구, 개발, 활용뿐만 아니라 신기술·신개발, 핫이슈가 그림, 표, 키워드로 정리가 잘되어 있다.

　이러한 파워포인트 형식의 자료도 어렵지 않게 구할 수 있다. 바로 인터넷 검색 구글을 이용하는 방법이다.

◉ 구글에서 파워포인트(ppt) 자료 검색하기

① 주소창에 www.google.co.kr 클릭
② 검색창에 검색하고자 하는 단어를 입력 후 Google 검색 클릭
③ 상단 Google 검색 창 옆에 고급검색 클릭한 후
④ 중간에 파일형식을 모든 파일형식→Microsoft Powerpoint(.ppt)로 변경
⑤ 상단 우측의 Google 검색을 다시 클릭하면 ppt 형식의 파일들만 검색되어 나타난다.

구글에서는 파워포인트 파일뿐만 아니라 이미지 파일도 별도 검색이 가능하므로 관련 자료의 그림이나 표를 검색을 통하여 찾아보기가 쉽다.

요즘은 각종 자료들이 읽기 목적으로 만들어진 pdf형식의 파일로 공개가 되는데 구글에서 ppt 파일을 검색하는 방법과 동일한 방법으로 검색하면 쉽게 찾을 수 있다.

▶ 구글에서 PPT 자료 검색하기

구글(www.google.co.kr) 메인화면

키워드 검색 화면

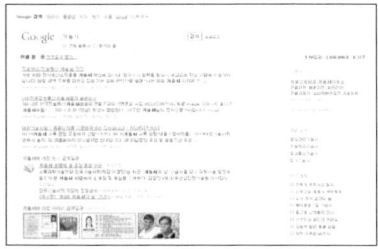

고급검색 화면

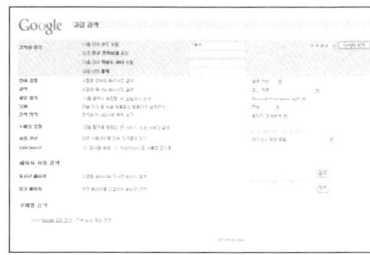

ppt 파일형식만 별도 검색된 화면

구글을 통하여 RCD댐과 관련된 자료를 검색한 결과 'State of art of RCD dams in Japan' 이라는 ppt 자료를 수집하였다. 수집된 자료는 일본의 RCD댐에 대한 역사와 RCD댐의 시공방법을 학회 또는 세미나 등에서 설명하기 위한 ppt형식의 발표 자료이다.

RCD댐은 수자원개발기술사와 토목시공기술사 시험문제로 가끔 출제되는 문제이나 댐의 설계와 시공범위가 방대하여 주관식 서술형으로 출제될 경우 답안 작성이 쉽지 않다.

　검색한 자료의 내용에서 기술사 답안 작성에 응용될 만한 표나 그림을 발췌한 후 답안지에 옮겨보도록 한다. 자료에 따라서 그대로 적을 수도 있고, 다양한 형태로 변형할 수도 있다.

▶ 검색한 자료를 답안화하기

ppt 표지

콘크리트댐의 일반적인 시공방법

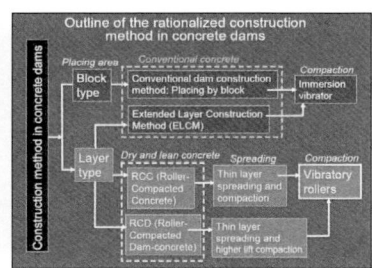

RCD댐의 시공순서

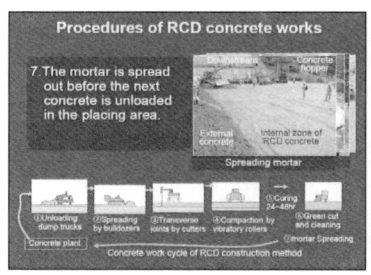

RCC와 RCD의 개념 차이

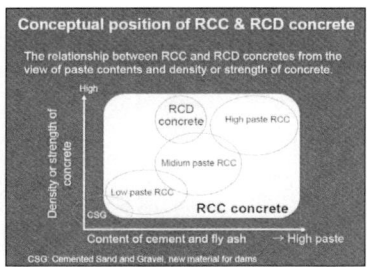

일반화된 RCD댐 작성 답안지

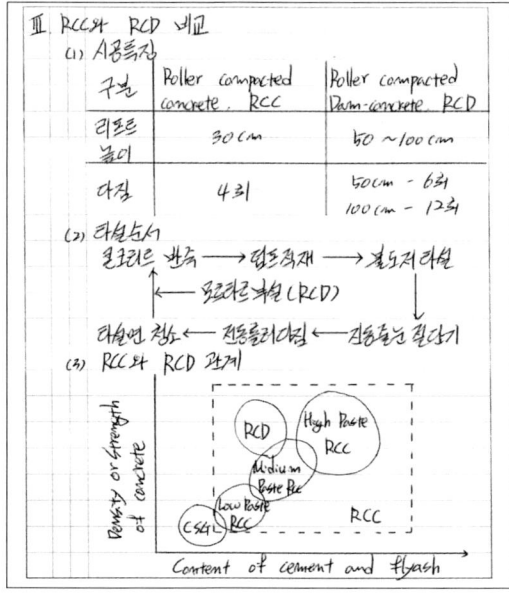

ppt 자료를 응용한 답안지

11.4 색깔 있는 펜, 포스트잇 활용하기

서브노트를 만들기 위한 기본적인 준비물은 노트와 빨강, 파랑, 검정 볼펜, 포스트잇, 형광펜, 자 등이다.

주로 검정 볼펜으로 작성하며, 빨강 볼펜은 강조할 때(주로 키워드), 파랑 볼펜은 보충해서 적을 때 사용하면 된다. 형광펜은 중요한 단락이나 표를 표시할 때 사용하면 된다.

서브노트는 작성할 때 너무 빽빽하게 쓰는 것보다는 1줄에서 2줄 정도의 간격을 두고 작성하는 것이 적당하다. 주로 공부할 문제는 상단 제일 처음에 적고 대단원, 소단원의 순서로 적으며 중간마다 적당하게 표와 그림 등을 그리면 된다. 포스트잇은 추가 자료를 첨부할 때 사용하면 편리하다.

답안 작성 연습하기는 서브노트를 기반으로 하게 되므로 서브노트 정리가 잘되어 있다면 예비답안을 만들기가 한결 수월할 것이다. 서브노트는 답안 작성 연습하기 과정에서도 지속적으로 수정, 보완, 추가가 필요하다. 그러므로 처음부터 모든 내용을 서브노트에 담으려고 노력하는 것보다는 체계적으로 정리하는 것이 더 중요하다.

▶ 색깔 있는 펜, 포스트잇 활용

| 검정 볼펜, 빨강 볼펜, 파랑 볼펜, 형광펜, 포스트잇 | + | - 요약적, 체계적
- 시각적, 입체적
- 독창적
- 창의적 | = | - 이해와 암기에 용이
- 복습효과 우수
- 가독성 우수
- 중요도 별로 표시
- 지속적 갱신
- 추후 보완부분 표시 |

11.5 관련법 정리하기

기술사 시험에는 해당 종목분야의 관련법에 관한 문제도 자주 출제된다. 다음과 같이 정보관리기술사 시험이나 조경기술사, 수자원개발기술사, 소방기술사 시험뿐만 아니라 여러 종목에서 법률과 관련된 문제가 자주 출제되므로 정확한 내용의 숙지가 필요하다.

정보관리기술사 시험의 경우
- 정보관리기술사 시험의 경우 수석감리원, 감리원 자격기준을 설명하시오. 「정보시스템의 효율적 도입 및 운영 등에 관한 법률」

조경기술사 시험의 경우
- 지방자치단체에서 시행하고 있는 공원녹지기본계획수립절차에 대해 약술하고, 중점적으로 검토해야 할 항목에 대해 설명하시오. 「도시공원 및 녹지 등에 관한 법률」

수자원개발기술사 시험의 경우
- 지방하천 지정 시 준수사항과 하천기본계획의 고시사항. 「하천법」

소방기술사 시험의 경우
- 방화댐퍼의 설치위치 및 설치기준에 대하여 건축법을 중심으로 기술하시오. 「건축법」

법은 법률, 시행령, 시행규칙을 포괄하는 개념이라고 생각하면 된다. 법률, 시행령, 시행규칙의 각 특징을 살펴보면 다음과 같다.

▶ 법률
　법규범 중 국회에서 제정한 것을 말하며 그 법의 목적과 용어의 정의 등이 주로 규정되어 있다.

▶ 시행령
　대통령령이라고도 하며 범위, 승인권자, 허용되는 행위, 인허가 처리절차 등이 주로 규정되어 있다.

▶ 시행규칙
　부령이라고도 하며 인허가 처리기간, 신청서 등 각종 양식 등이 주로 규정되어 있다.

▶ 고시(告示) [명사]
　행정기관이 일반 국민에게 글로 써서 게시하여 널리 알림. 주로 행정기관에서 일반 국민을 대상으로 어떤 내용을 알리는 경우를 이른다.
　기술사 시험에서는 해당 분야와 관련이 있는 법에서 고시토록 하고 있는 중요한 사항이나 금지, 제한 등의 강제 조항이 주로 출제되고 있다.
　관련법은 법률-시행령-시행규칙을 같이 정리하는 것이 좋다.

▶ 법률 / 시행령 / 시행규칙

법률	시행령	시행규칙
목적 및 용어 정의	범위 승인권자 허용되는 행위 인허가 처리절차	처리기간 신청서 각종 양식

해당 법률은 국회 법률지식정보시스템을 통하여 제목이나 본문으로 검색할 수 있으며, 법/시행령/시행규칙의 3단 보기와 출력 및 엑셀로 저장이 가능하다.

▶ 법률지식정보시스템(http://likms.assembly.go.kr/law/)

11.6 키워드를 찾아라

■□■ 주제관련 단어 나열

기술사 시험에서 키워드란 단순히 용어사전에 나와 있는 단어를 의미하는 것이 아니다. 키워드란 답안 전체를 함축하여 설명할 수 있는 핵심어로, 하나의 단어 또는 단어의 조합이나 공식 등을 말한다.

▶ Keyword [명사]
1. (주된 사상·주제를 나타내는) 핵심어
2. (컴퓨터에서 정보를 찾거나 지시사항을 입력하는) 키워드

서술형 주관식 문제의 경우 한 페이지당 3~5개 정도의 키워드를 사용하는 것이 적당하다. 키워드는 서브노트 작성 시 빨강 볼펜을 사용하여 눈에 띄기 쉽게 정리를 해두는 것이 좋다. 일목요연하게 키워드를 잘 정리하면 답안 작성 연습 시 문제에 어울리는 적당한 키워드를 선택하기가 쉬우므로 예비답안을 만드는 시간을 단축할 수 있다.

답안 작성 시 키워드는 페이지당 3~5개 정도를 사용하는 것이 바람직하며, 3페이지의 답안을 작성한다면 한 문제당 9~15개 정도의 키워드가 필요하게 된다. 그러므로 서브노트를 작성할 때는 답안 작성 시 사용할 키워드의 개수를 고려하여 서론, 본론, 결론별로 키워드로 사용할 단어를 나열해두는 것이 좋다.

키워드는 중복되는 단어를 사용해도 상관없다. 때에 따라서는 장단점이나 특징에 중복된 단어들을 키워드로 사용하게 되는 경우도 있다.

특히, 경제성, 시공성, 사용성, 안정성, 활용성 등과 같은 단어는 일반적으로 양호, 우수, 불량, 저하, 감소 등의 단어와 같이 장단점의 키워드로 사용되기도 하며 고려사항의 키워드로 사용될 수도 있으므로 키워드를 찾느라 너무 많이 고민할 필요는 없다.

단, 답안의 신선함이 떨어질 수 있으므로 한 문제 안에서 동일한 키워드를 반복해서 쓰는 것은 가급적이면 피하는 것이 좋다.

■□■ 키워드 찾기

프로젝트를 수행하면서 수행결과에 대한 보고용 자료나 보고서를 작성하는 경우, 내용이 중복되는 것처럼 보이거나 본론의 전개가 일목요연하지 않으면 결론 부분에 대한 설득력이 떨어지게 되는 경우가 많다.

그래서 가장 먼저 세워야 할 뼈대가 목차이다. 목차는 그 보고서의 키워드가 되면서 요약된 내용이 된다. 목차의 순서나 내용에 따라 보고서를 이해하는 정도가 달라질 수도 있다.

책을 읽기 전에 먼저 목차를 보면 그 책의 전반적인 내용을 보다 쉽게 이해하는 데 도움이 되는 것처럼, 답안지에서 키워드는 답안의 전체적인 내용을 담고 있는 목차의 역할을 하게 되는 것이다.

답안 작성 연습하기는 이러한 키워드에 살을 붙이는 과정이라고 보면 된다. 해당 질문에 대한 키워드를 나열하고, 재배치하면서 순서를 정하고 키워드를 설명하게 된다.

좋은 점수를 받고자 한다면 문제가 요구하는 가장 적절한 키워드를 사용하여야 하며, 사용하는 키워드를 돋보이게 해야 한다.

해당 문제에 대한 키워드는 일반적으로 참고자료에 나와 있지만, 내 답안의 전문성과 실무경험 등을 좀 더 표현하고자 한다면 추가적인 키워드가 필요하다.

이러한 추가적인 키워드를 찾는 방법은 그리 어렵지 않다. 학회지나 신문, 인터넷 검색 등을 통하여 찾아볼 수도 있을 뿐 아니라 논문검색을 통해서도 쉽게 찾을 수 있다. 원문보기를 제공하는 학회 홈페이지를 통해 논문을 검색하면 해당 논문의 첫 표지의 요지 아래에 핵심용어가 표기되어 있다. 특히, 논문의 경우 핵심용어인 키워드가 영어와 한글로 함께 표기되는 경우가 많으므로 영어와 한글을 함께 정리해두면 좋은 자료가 된다.

▶ 한글과 영어가 키워드로 작성된 논문

Abstract

Low flow is a minimum flow discharging during a dry season in a unregulated stream which can be shared by nature and human being. It is also a standard flow that determines a diversion requirement by evaluating water supply ability of streamflow in the aspect of water use. Low flow indices are used as average low flow and 1 day 10-year low flow in Korea and Japan and as 7 day 10-year low flow in the United States of America and the United Kingdom. In this research, these three indices were compared by the data observed and generated. Although daily records are needed to calculate the low flow, gauging stations are limited and records of the dry season are insufficient in Korea. Drainage area ratio method is mainly used in Korea to estimate the low flow. This research shows the guideline when the drainage area ratio method, the regional regression method, and the baseflow correlation method to calculate the low flow of ungauged basins are applied and recommends low flow estimation method suitable to Korea.

keywords : average low flow, 1 day 10-year low flow, 7 day 10-year low flow, ungauged basin, drainage area ratio method, regional regression method, baseflow correlation method

요 지

갈수량(low flow)은 따서 자연상태 하천에서 홍수기에 흘렀던 유량으로서 자연과 사람이 공유할 수 있는 최소한의 유량이며, 이수측면에서 하천수의 공급능력을 평가하여 취수량을 설정하는 기준 유량이다. 일본과 우리나라에서는 평균갈수량과 기준갈수량, 미국과 영국 능에서는 10년빈도 7일 갈수량($7Q_{10}$)을 갈수량 지표로 사용하고 있다. 본 연구에서는 위의 세 지표를 관측자료와 모의 생성자료를 이용하여 비교하고 고찰하여 보았다. 갈수량 산정을 위해서는 과거의 관측 유량자료가 필요하나 국내에는 수위관측시설이 한정되어 있을 뿐 아니라 통수기에 비해 갈수기 자료가 턱없이 부족하여 갈수량 산정에 많은 어려움을 겪고 있다. 국내에서는 대부분 비유량법(drainage-area ratio method)으로 미계측유역의 갈수량을 산정하고 있다. 본 연구에서는 미계측유역(ungauged basin)의 갈수량을 산정하기 위한 방법으로 비유량법과 지역회귀기법(regional regression method), 기저유량상관법(baseflow correlation method)을 국내에 적용하여 보고, 각 방법의 적용시 지침과 국내에 적합한 갈수량 산정방법을 제시하였다.

핵심용어 : 평균갈수량, 기준갈수량, 10년빈도 7일 갈수량, 미계측유역, 비유량법, 지역회귀기법, 기저유량상관법

한 가지 더! 회사의 임원들이나 교수, 자문위원이나 심의위원 분들과 대화를 하다보면 우리나라 말이 있는 데도 불구하고 영어를 사용하는 단어들이 있다. 수자원 분야의 예를 들면 홍수추적을 routing이라고 하거나, 계산을 calibration, 검정을 verification이라고 하는 등 마치 우리말처럼 사용하는 경우가 많다. 이런 단어들은 한글로 작성하는 것보다는 영어로 작성하는 것이 답안 작성자를 전문가로 인식시켜줄 수 있으므로 꼭 기억하기 바란다.

■□■ 키워드 정리 및 표현 리스트 작성

해당 문제에 대한 서브노트를 작성하면서 미리 키워드와 같이 쓰면 좋은 명사형 단어들도 함께 정리해두는 것이 좋다. 또는 이러한 명사형 단어들을 별도로 정리해서 외워두면 기술사 시험장에서 표를 작성하거나 답안을 꾸밀 때 아주 유용하다.

▶ 키워드와 함께 쓰면 좋은 단어

> 사용성, 효율성(efficiency), 성능, 체계화(systematization), 순차적, 상향/하향, 소규모, 대규모, 핵심, 최소, 생산성(productivity), 가능성(possibility), 구조화, 독립성, 능동/수동, 구체화, 경제성(economic feasibility), 시공성(construction), 사용성(usability), 안정성(safety), 활용성, 대상, 특징, 장/단점, 순서, 절차, 적용분야/사례, 규모, 범위, 비용, 기술, 지속가능성(sustainable), 도시화(urbanization), 정확성(accuracy), 객관화(objectification), 표준화(standardization), 법/제도, 문제, 목표, 방법, 시스템(system), 분석(analysis), 복잡성(complexity), 명확성(definitude), 통일성, 향상, 검정(verification), 계산(calibration), 현황(situation), 전개(complication), 결론(Resolution)

11.7 선배 기술사의 서브노트 활용

기술사 시험은 시험과목과 시험범위가 명확하지 않기 때문에 대부분 선배 기술사들의 서브노트를 바탕으로 공부를 시작하는 경우가 많다. 그러나 서브노트의 작성연도가 오래된 경우 최근의 출제경향이나 이슈 등을 반영하지 못하는 경우가 있으므로 선배 기술사의 서브노트를 업그레이드 해야만 한다.

기술사 시험을 준비하는 예비 기술사들 중에는 간혹 이러한 선배 기술사들의 서브노트만 외워서 시험을 치르는 경우도 많다. 또 몇몇 종목의 경우 기술사 시험공부가 활성화되지 못해 기술사학원이나 해당 분야 종목의 참고서적마저 부족한 경우는 선배 기술사의 서브노트에 의지하는 경향이 더 큰 것 같다.

그렇지만, 선배 기술사의 노트만 가지고 공부하는 경우 기술사 시험에 합격할 가능성은 그다지 높지 않다고 생각한다. 그 이유는 다음과 같다.

대부분의 예비 기술사들이 작성하는 답안은 동일한 내용과 표, 그림을 그리므로 답안은 비슷비슷해지고, 요약된 자료만 암기하다 보니 기본개념이 부족하다. 그래서 약간만 변형되어 출제되어도 문제를 풀지 못하고 포기하는 경우가 비일비재한 것이다.

선배 기술사의 서브노트는 잘만 활용한다면 나만의 서브노트를 만드는 시간을 단축할 수 있을 뿐 아니라 합격으로 가는 지름길이 될 수 있으므로 소홀히 해서는 안 될 자료임에는 분명하다.

물론, 대부분의 선배 기술사 서브노트는 내용이 비슷비슷한 경우가 많지만 가능하면 많이 입수해두는 것이 좋다. 내 눈높이에 맞는 서브노트를 고를 수도 있으며 막히는 문제가 발생할 경우 어떤 방법으로 이해하고 정리했는지 다양한 참고가 가능하기 때문이다.

최근에는 서브노트나 예상문제를 책으로 출간하는 경우도 많으므로 대형서점을 방문하여 관련서적을 찾아보는 것도 좋은 방법일 것이다.

기술사 시험에 합격한 선배에게 서브노트는 시험에 합격하는 데 있어서 중요한 역할을 담당했겠지만 이러한 자신만의 서브노트를 만들면서 경험한 시행착오와 노력 자체가 시험장에서 필요한 순발력이나 응용력을 발휘하여 자신만의 답안을 작성하게 된 사실을 반드시 기억해두어야 할 것이다.

■□■ 기출문제와 비교

선배 기술사의 서브노트도 대부분 기출문제 위주로 작성되기 때문에 최근에 출제된 기출문제들의 출제경향을 파악한 후 선배 기술사의 서브노트와 비교해보면 추가로 보충해야 할 것들이 무엇인지 알 수 있을 것이다.

■□■ 기준, 지침, 법령 등은 개정판을 숙지할 것

선배 기술사의 서브노트를 참고하여 공부하는 경우 가장 주의해야 할 부분이 기준이나 지침, 법령 등이다.

기준이나 지침, 법령 등은 제도의 강화, 보완, 실효성 등과 관련하여 지속적으로 개정되고 있기 때문에 오래전에 작성된 서브노트라면 이러한 기준이나 지침, 법령이 개정되기 전의 내용이 수록되어 있는 경우가 많다. 그러므로 기준이나 지침, 법령 등은 반드시 최근의 개정내용을 확인한 후 수정해두어야 할 것이다.

12 답안 작성방법 연습하기 (예비답안 만들기)

12.1 하늘 아래 새로운 것은 없다

"하늘 아래 새로운 것은 없다(There is nothing new under the sun)"는 말은 성서에서 유래된 서양속담이다. 전도서 1장 9절에 보면 '해 아래 새 것이 없나니' 란 글로 사람들이 새롭게 만들었다고 하지만 이미 오래전에 알려진 것이며, 우리에게는 새로운 것이 없고 하나님을 통해서만 새로운 것이 창조될 수 있다는 의미이다.

문학, 미술, 소설, 영화 등의 문화계에서는 표절논란과 관련하여 많이 인용되고 있는 말이다. 유명한 소설가 보르헤스의 작품은 이미 서술된 이야기나 알려진 이미지들을 변형시키거나 덧붙이는 것으로 유명하다. 그의 이런 글쓰기는 '하늘 아래 새로운 것은 없다' 라는 말처럼 창작이란 무(無)에서 유(有)를 만들어내는 작업이 아니라 기존의 것을 재생산하는 작업이라는 의미를 담고 있다.

▶ 독창성의 중요함(Be orignal)
  1. Auguste Rodin: '나는 발명하는 게 아니다. 재발견할 뿐이다.' (I invent nothing. I rediscover)
  2. Thoma Wentworth Higginson: '독창성은 똑같은 것을 새롭게 보는 시각일 뿐' (Originality is simply a pair of fresh eyes)
  3. Voltaire: '독창성은 합법적인 모조품' (Originality is nothing but judicious imitation)

4. Aesop: '인간은 모조품에 박수를 보내고 진품에 야유를 보낸다.'
(Men often applaud an imitation and hiss the real thing)

아직도 많은 예비 기술사들은 기술사 시험을 볼 때 전공서적이나 설계기준 등에 있는 내용을 그대로 옮겨 적으면서 정답을 적었다고 생각한다. 이렇게 작성한 본인의 답안에 대한 점수는 항상 높은 점수를 예상하지만 결과는 기대에 못 미치는 경우가 대부분일 것이다.

왜 그런 것일까? 정답을 적었는데, 논리적이며 합리적이고 과학적인 답안을 작성했다고 생각하는데 시험점수는 기대에 못 미치는 경우가 대부분일까?

그 이유는 예비 기술사들이 제출하는 답안이 획일화되어 있으며 기본개념과 응용능력이 부족한 상태로 답안을 작성해서 제출하기 때문이다.

대부분 공부시간의 부족으로 인한 공부 양의 부족과 공부 깊이의 부족이 원인이겠지만 충분히 공부를 하였는데도 불구하고 시험결과가 좋지 못한 것은 기술사 시험의 성격을 무시한 채로 무작정 암기한 것을 옮겨 적는 방식으로 답안을 작성하거나 채점자를 고려하지 않고 수험자 본인만이 만족하는 답안을 만들어 내기 때문이다.

▶ 답안 작성 시 문제점

문제점	대책
답안의 획일화 기본개념 부족 응용능력 부족	"하늘 아래 새로운 것은 없다" → 모방으로부터의 발전이 필요

▶ 일반적인 답안 작성(예)

평균점수 40~50점 초반 점수대 답안(예)—첫 번째 페이지

문제 하상유지공 및 보 설계, 시공시 고려사항

Ⅰ. 개요

정의는 개조식 문장으로 적고 설치목적은 표로 구분하는 것이 답안을 읽고 이해하기 좋다.

　가. 정의
　　(1) 하상경사를 완화하기 위하여 낙차를 두거나 낙차없이 설치하는 하천 횡단시설물
　　(2) 낙차공, 경사낙차공, 대공 등이 있음

　나. 설치목적
　　(1) 천부교, 방사로, 준설공사 후에 소류력 증가에 따른 하상세굴 방지
　　(2) 댐 설치 후 유사량 감소로 인한 하상저하 방지
　　(3) 관로 국부세굴 방지
　　(4) 교각, 고수부지 세굴 등 구조물 보호

Ⅱ. 특징

하천설계기준에 있는 일반적인 그림으로 단순화, 구조화, 특화되지 않았다.

　가. 구조
　　(1) 계획홍수위 이하 수위의 유속에 안전한 구조
　　(2) 하상유지시설은 본체, 물받이, 바닥보호공으로 구성

(그림: 호안 / 호안 / 호안, 상류 바닥보호공, 물받이, 붙임돌, 본체, 하류바닥보호공)

I. 제원절차
 (1) 누리, 느은, 유사 등 하도특성 분석
 (2) 장래 하상변동 예측
 (3) 안전하도 유지되도록 설치
 (4) 설치후 제원유량 변동에 따른 하천개수로 인한 문제점이 없도록 계획

III. 설계·시공시 유의사항
 (1) 옹벽이, 바닥보호공은 안전하상에 설치
 (2) 하상유지공 주위 국부세굴 방지
 (3) 하천환경 측면의 주위 경관 고려
 (4) 하상유지공 직상류, 직하류에 세굴방지공
 (5) 어도 설치

IV. 최근 설치동향 4~5년 전 설치동향을 최근 설치동향으로 소개하고 있다.
 가. 계획수립단계
  (1) 하천생태계 손실을 최소화하는 자연형 공법개발
  (2) 이용재료의 개발 및 국산화
  (3) 개발된 하천공법은 보상천, 안양천 등에 실제 적용
  (4) 모니터링 결과로 공법 평가
 나. 자연형 공법
  (1) 하상 보호공법 (돌놓기와 복토로 깔기)
  (2) 저수면 및 하안가호 보호공법 (돌놓기 + 섶단 + 방부목)
  (3) 고수부지 보호공은 다년생 초본류 피복

▶ 표와 키워드를 이용한 답안 작성(예)

50점대 후반 합격권의 답안(예)—첫 번째 페이지

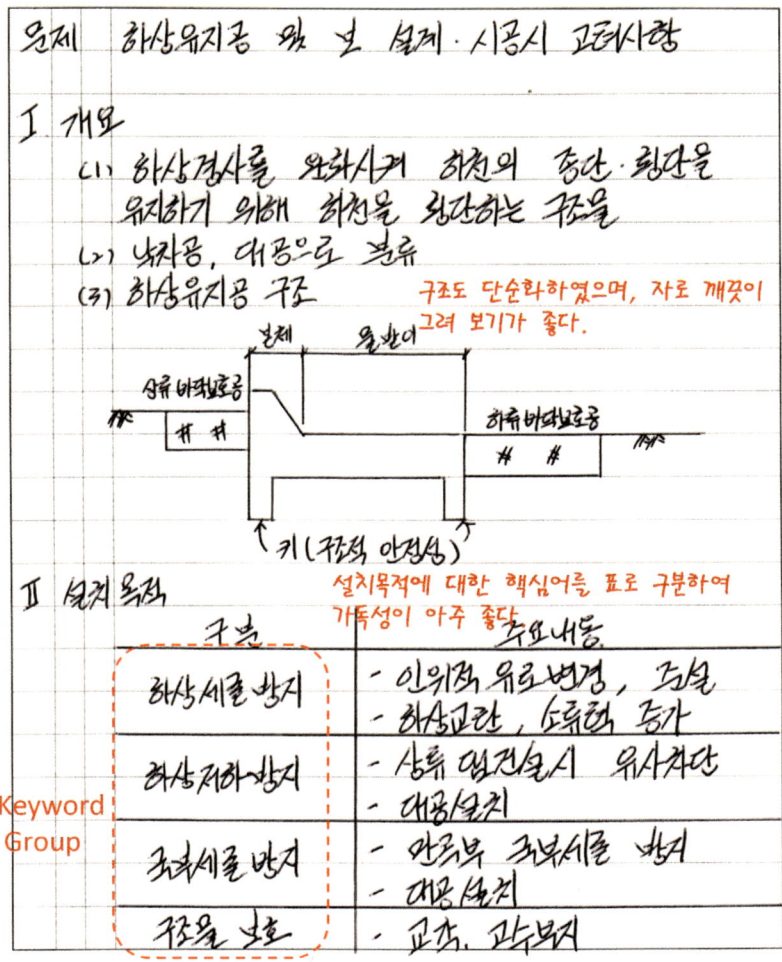

III. 낙차공과 대공의 차이점

구분	낙차공	대공
설치지점	하상경사 완화 하천횡단 설치	계획하상 유지 만곡부, 조보시설
규모	상하류 낙차 0.5~2.0m	소규모 설치 0.5m 이하

IV. 설계 및 시공시 유의사항

구분	주요 내용
설치시	- 수위변동에 따른 치수적 안정성 - 어류 소상 및 강하에 용이한 구조
형타 결정시	- 하위 변동, 주변시설 문제 - 생태환경, 어생보전
위치 선정시	- 현재 하도특성 및 안전하상 유지 - 기초지반, 시공성, 경제성 고려

V. 문제점 및 대책

문제점	대책
낙차공 주변세굴	- 충분한 점착길이 확보 - 주변 호안 재설치
낙차기능 상실	- 유지관리 - 자연형시설로 개선
환경문제 발생	- 어도 설치 - 철거 또는 기능개선

표를 이용하면 종류나 내용의 구분 및 비교를 명확히 나타낼 수 있다.

앞의 답안을 보면 가독성이 좋다, 나쁘다 하는 것이 어떤 것인지 한눈에 들어올 것이다.

우선 기술사 시험의 채점은 절대평가 방식이 아니라 상대평가 방식이라는 점을 인지하고 있어야 한다. 또한, 수험자의 답안은 채점자의 주관에 의해 점수가 매겨진다. 채점자에 따라서는 상중하라는 기준을 가지고 채점을 할 수도 있으며, 때에 따라서는 10%와 90%라는 기준(합격과 불합격)을 두고 채점을 할 수도 있다.

기술사란 해당 기술분야에 관한 고도의 전문지식과 실무경험에 입각한 응용능력을 보유한 자를 기술사 시험을 통하여 선발하는 것이므로 채점자는 채점자 본인의 주관적인 기준으로 다른 답안들과의 상대적인 평가를 바탕으로 채점할 수밖에 없는 것이다.

◉ 상대평가

개인의 학업성과를 다른 학생의 성적과 비교하여 집단 내에서의 상대적 위치로 평가하는 방법. 상대평가는 한 집단의 점수를 성적의 높은 순으로 배열하기 때문에 집단 내에서의 변별력 확보는 쉽게 비교할 수 있다. 평가자의 주관적 입장이 결여되지 못하기 때문에 형평성으로는 공정하다는 장점이 있으나, 우수한 집단만 있는 등급과 우수하지 못한 집단만을 갖고 비교할 때, 어느 집단이 더 우수한지 등은 평가할 수 없는 단점이 있다.

◉ 절대평가

한 집단의 성적을 절대적 기준에 따라 평가하는 방식이다. 목표지향 평가 또는 준거지향 평가라고도 한다.
구체적 과제 혹은 목표를 고려하여 검사를 제작하거나 미리 정의된 수행기준에 따라 평가하는 것이다. 평가자의 주관적인 입장이 결여될 경우, 평균점수가 지나치게 높거나 낮게 나올 수 있는 단점이 있다. 반대로 절대적으로 우수한 학생이 상대평가에 의해 낮은 성적을 받는 등의 단점을 막을 수 있다.

출처: 위키백과

먼저 상대평가에 대한 이해가 필요하다. 50 대 50으로 평가하는 것이 아니라, 10 대 90으로 상대평가 한다는 것을 알아야 한다. 종목별 합격률이 다르므로 1 대 99로 평가될 수도 있다. 과거 기술사 시험에서 합격자가 한 명도 나오지 않았던 사례가 있었던 만큼 상대평가지만 일정한 수준이 되지 않으면 합격할 수 없는 것이 기술사 시험이기도 하다.

결국 기술사 시험에 합격하려면 나의 경쟁자들보다 좋은 답안을 작성하여야 한다는 것은 자명한 사실이다.

그렇다면 좋은 답안은 어떻게 만드는 것일까? 그것은 바로 모방으로부터 발전된 답안을 만드는 것이다.

다른 예비 기술사들과 마찬가지로 선배 기술사의 서브노트나 학원교재 또는 참고서적의 표나 그림 그리고 내용을 그대로 답안에 옮겨 적는 것이 아니라 적절하게 변화를 주고 변형시킨 차별화된 답안을 만드는 것이 바로 발전된 답안을 만드는 것이라 할 수 있다.

▶ 표절 [명사]
시나 글, 노래 따위를 지을 때 다른 사람의 작품 일부를 몰래 따다 씀

▶ 모방 [명사]
다른 것을 본뜨거나 본받음

사회, 경제, 문화적인 표현으로서의 표절이라는 말과 달리 '모방하면서 발전한다'는 말이 있다. 모방은 배우고 익히는 과정을 말한다. 기술사 공부에 대한 기본개념을 확실히 이해해야만 모방할 수 있으며 모방이 가능해야 발전된 답안을 만들 수 있다.

12.2 정보관리기술사와 토목시공기술사의 답안 작성방법은 다를까?

이제 무엇을 모방하여 내 답안을 발전시키고 다른 경쟁자보다 높은 점수를 받을 수 있는 상대적으로 좋은 답안을 만들 것인지 알아보겠다.

첫 번째는 기술사 시험공부가 활성화된 종목분야의 답안 작성방법을 벤치마킹하는 방법이다.

▶ 벤치마킹(bench-marking) [명사]
〈경제〉 경쟁 업체의 경영 방식을 면밀히 분석하여 경쟁 업체를 따라잡는 경영전략

우리는 같은 분야에 있는 시험 종목에 대해서도 서로 다른 시험이라고 말한다. 그렇기 때문에 같은 토목분야이지만 계산문제가 많은 구조기술사 시험과 논리적인 전개를 요구하는 문제가 많이 출제되는 수자원개발기술사 시험의 답안 작성방법은 다르다고 생각한다.

과연 두 기술사 시험의 답안 작성방법은 다른 것일까? 22줄의 같은 답안지에 검정색 펜과 자만 사용하는데 좋은 점수를 얻기 위한 답안 작성방법이 다르다고 말할 수 있을까?

정답은 다르지 않다는 것이다. 물론, 답안지에 서술하는 내용은 다를 것이다. 그러나 답안 작성방법은 동일하다.

분야가 다른 정보관리기술사와 토목시공기술사의 답안 작성방법도 동일하다고 말할 수 있다.

기술사 시험 종목 중 응시생이 많은 토목시공기술사, 건축시공기술사, 정보관리기술사 종목 등은 학원도 많고 스터디 등이 많이 활성화되어 있기

때문에 답안 작성방법 또한 타 분야에 비해 많이 발전되어 있다.

상대적으로 응시생이 적고 학원이나 스터디 등이 활성화되지 못한 종목의 기술사 시험공부를 하는 예비 기술사들에게 활성화된 종목의 기술사 답안 작성방법을 벤치마킹하는 것이 나의 답안을 발전시키는 좋은 방법이 될 것이다.

종목이 다르지만 답안 작성방법에 대하여 특강을 하는 기술사학원도 있는 것으로 안다. 그런 특강을 들어보는 것도 좋다. 기술사 시험 종목 중에서 건축시공기술사나 토목시공기술사, 정보관리기술사 종목 등은 많은 회원수를 자랑하는 인터넷 카페가 운영되고 있으며 이러한 인터넷 카페를 통하여 기술사 시험과 관련한 다양한 정보의 제공과 교류가 이루어지고 있다.

특히, 기술사 시험과 관련된 인터넷 카페들은 변변한 기술사학원이 없는 지방의 예비 기술사들이나 기술사 관련 자료의 구득이 어려운 종목분야의 예비 기술사들에게 많은 도움이 될 것이다.

이밖에도 인터넷 카페는 장점이 많다. 비록 나의 경쟁자들이지만 어려운 공부를 함께하는 카페 회원들의 노력을 느낄 수 있으며, 기술사 시험의 합격자 발표가 있는 날이면 합격자들은 자신의 합격을 카페에 알리고 축하를 받고, 비록 이번 시험엔 불합격하였지만 열심히 하면 합격할 수 있다는 기대감도 생기게 된다. 합격자들이 올리는 수기는 기술사 시험에 재도전해야 하는 예비 기술사들을 재장전시켜주는 역할도 하고 있다. 피나는 노력과 천운으로 한 번 만에 기술사 시험에 합격하는 사람도 있지만, 대부분의 합격자들은 몇 번씩 낙방의 고배를 마신다.

분야와 종목이 다르지만 활성화되어 있는 기술사 종목의 답안 작성방법을 벤치마킹한다면 틀림없이 나의 답안도 좋아질 것이다. 우물 안 개구리에서 벗어나는 방법은 그리 어려운 것이 아니다. 생각의 범위를 넓히면 되는 것이다.

▶ 기술사 인터넷 카페

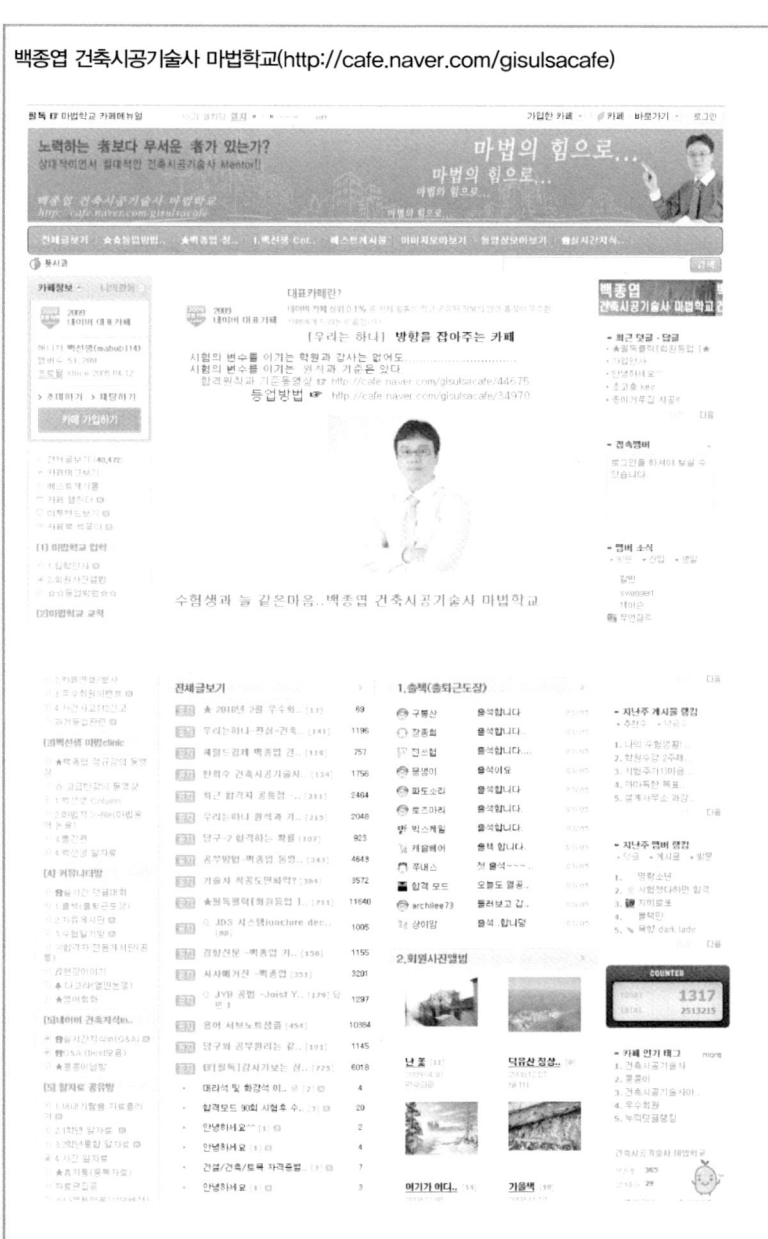

백종엽 건축시공기술사 마법학교(http://cafe.naver.com/gisulsacafe)

김우식 토목시공기술사 공부방(http://cafe.naver.com/civilpass)

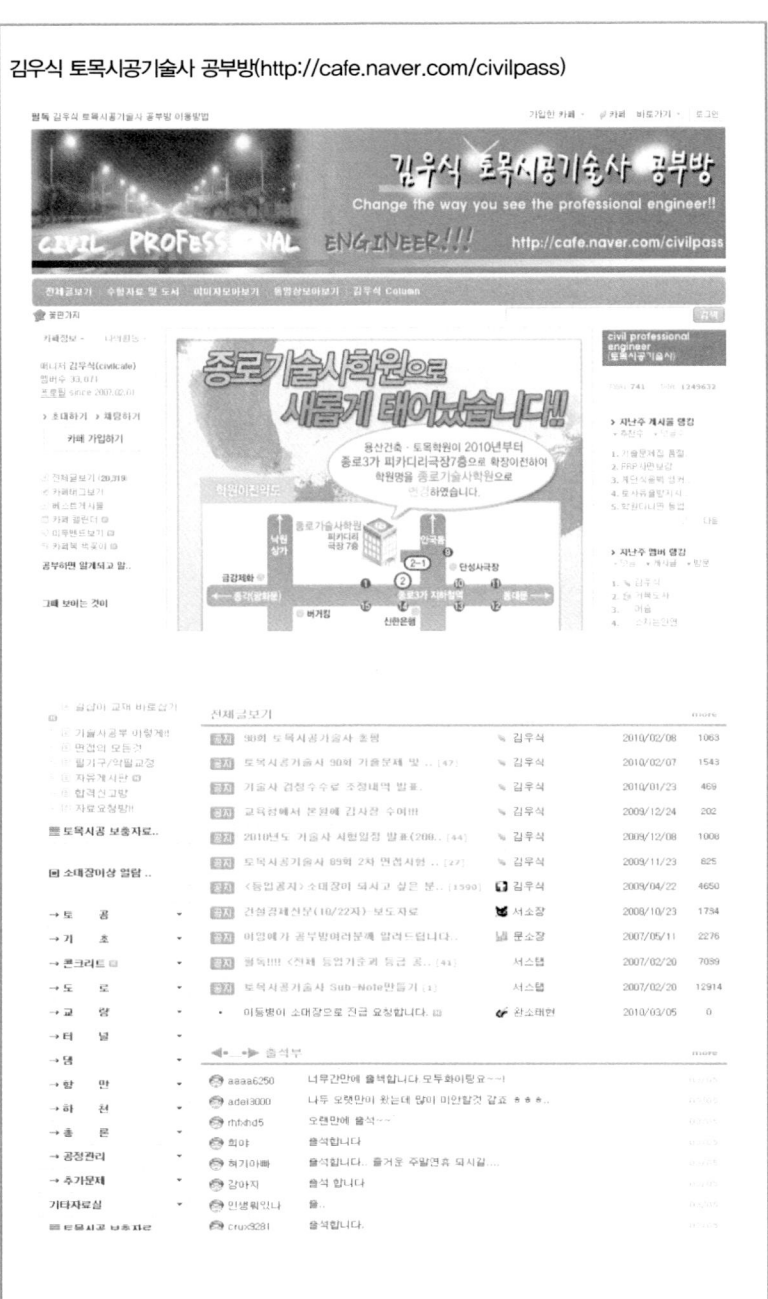

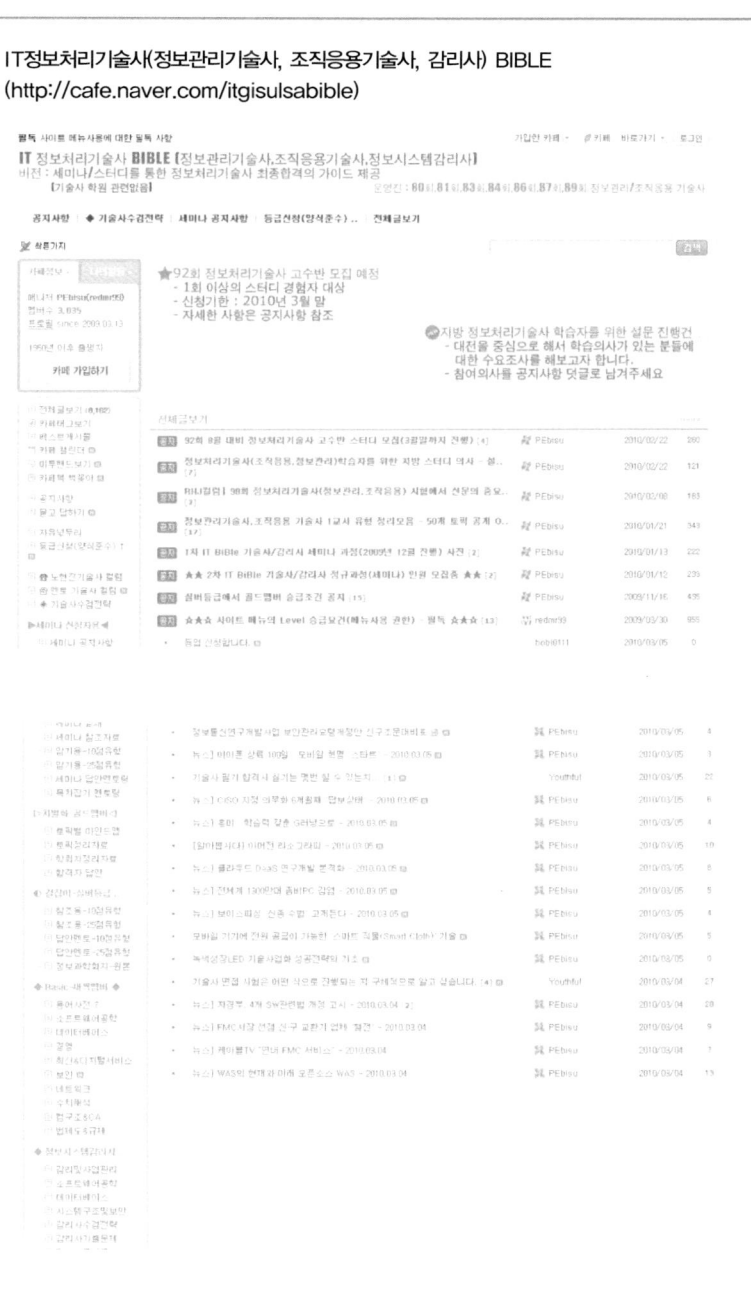

12.3 IQ만 높은 사람은 EQ가 높은 사람을 이길 수 없다

모방으로 좋은 답안을 만들 수 있는 두 번째 방법은 광고나 홍보, 보험, 금융, 경영 컨설턴트 분야와 같이 다른 분야의 표나 그림, 그래프 등을 자신이 응시할 기술사종목에 참고하여 응용하는 방법이다.

꼭 그렇다고는 할 수 없지만 이과가 아이큐가 높은 사람들의 집단이라면 문과는 이큐가 높은 사람들의 집단이 아닐까? "성공한 사람은 아이큐(IQ) 보다 이큐(EQ)가 높다"거나 "아이큐(IQ)만 높은 사람은 이큐(EQ)가 높은 사람을 이길 수 없다"는 말도 있지 않은가?

비유야 어떻든 토목시공기술사나 건축시공기술사, 정보관리기술사 분야와 같이 기술사학원이 활성화되어 있어서 답안 작성방법이 이미 고도화되어 있는 종목은 기술사 분야가 아닌 새로운 분야로 눈을 돌려보는 것도 한 방법일 것이다.

▶ 아이큐(IQ) [명사]
1. 〈교육〉 '지능지수(intelligence quotient)'로 순화
2. 〈교육〉 지능검사의 결과로 지능의 정도를 총괄하여 하나의 수치로 나타낸 것. 정신연령을 생활연령으로 나눈 다음 100을 곱하여 계산하는데, 평균값을 100으로 보고 90~110은 보통, 그 이상은 지적 발달이 앞선 것, 그 이하는 뒤진 것으로 본다.

▶ 이큐(EQ) [명사]
1. 감성지수(Emotional quotient)
2. 〈교육〉 감성의 척도. 지능을 척도로 나타내어 표시하듯이 감성을 척도로 표시한 것이다.

이과가 아닌 문과를 선택했던 사람들은 보고서, 파워포인트, 자료 등을 어떻게 만드는지 참고해보자는 것이다. 전부는 아닐지 모르지만 자신이 속한 분야로 가져오면 신선하고 참신한 답안을 만들 수 있는 재료들을 발견할 수 있지 않을까 하는 생각에서다.

간단하게는 구글에서 이미지검색을 통하여 찾을 수 있다. table, chart diagram 등의 단어로 검색하여 여러 분야의 다양한 표와 그림을 찾아보면 된다.

■□■ 맥킨지식 문서작성 방법

세계 3대 경영 컨설팅회사로는 맥킨지(Mckinsey & Company), 보스턴 컨설팅 그룹(Boston Consulting Group) 그리고 베인앤컴퍼니(Bain & Company)를 들 수 있다.

▶ 맥킨지(Mckinsey & Company)

> 맥킨지앤컴퍼니(Mckinsey & Company)는 1926년에 시카고 대학 경영학부 교수인 제임스 맥킨지(James Mckinsey)가 설립한 컨설팅 회사로 본사는 미국에 있다. 회사 이름의 '컴퍼니'는 동료들이라는 의미라고 한다.
> 미국의 주간지〈뉴스위크〉지는 '가장 영향력이 있는 컨설팅 회사'로, 영국의 경제신문인〈파이낸셜타임스〉는 '세계적으로 선도적인 컨설턴트 기관'이라고 평가한 바 있다. 남극을 제외한 전 대륙에 사무소가 있다. 세계의 톱 5로 불리는 기업 중 3개는 맥킨지의 고객이라고 하며, 〈포춘〉지가 발표하는 기업 톱 100 중 3분의 2도 그들의 고객이라고 한다. 맥킨지는 비공개주의를 철저히 지키는 것으로 알려져 있다.

출처: 위키백과

이 중 맥킨지는 논리적인 사고법과 문제를 해결하는 기술을 축적하고 이것을 직원들에게 훈련시켜 세계 최강의 지식집단이 되었다고 한다. 맥킨지

컨설턴트들이 사용하는 문제해결 방법은 서점에 다양한 책들로 출판되어 있다.

맥킨지식 사고 중 예비 기술사들이 참고할 만한 것은 맥킨지의 문서 작성방법이다. 클라이언트의 이슈에 대한 해결책을 찾아주는 것 못지않게 그 해결책을 클라이언트에게 효과적이고 효율적으로 전달하는 것도 중요하기 때문에 맥킨지는 맥킨지식 문서 작성방법과 차트 활용 기술 등을 활용하고 있다.

'피라미드식 문서 작성방법'을 기술사 시험의 답안 작성방법에 응용한다면 간결하고 핵심을 꿰뚫는 좋은 답안을 작성할 수 있다.

이렇게 작성된 답안은 가독성이 좋기 때문에 높은 점수를 받을 수 있다.

▶ 민토 피라미드(Minto pyramid)

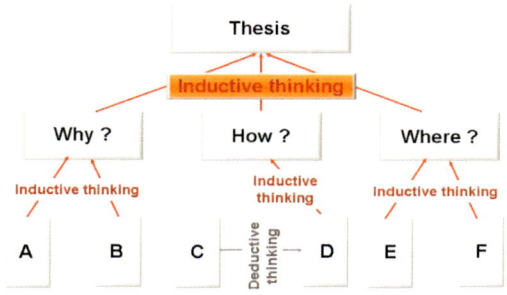

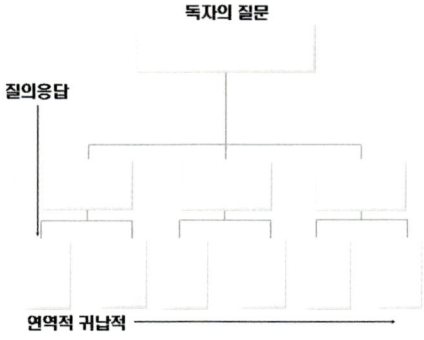

피라미드 구조로 문서 작성 시 지켜야 할 세 가지 규칙
1. 어느 계층에 있는 메시지든 하위 그룹의 메시지를 요약해야 한다.
2. 그룹 내의 메시지는 논리적으로 동일한 종류여야 한다.
3. 그룹 내의 메시지는 항상 논리적 순서로 배열되어야 한다.

　피라미드 구조는 맨 꼭대기에서 결론과 같은 가장 핵심적인 사항을 먼저 말하고 그 다음에 왜 그런 결론을 내리게 됐는지 밑으로 내려가면서 궁금증을 풀어준다. 생각은 그루핑(grouping)과 요약의 프로세스로 글을 읽는 사람이 신속하게 이해할 수 있다고 강조하고 있다.

▶ 민토 피라미드를 답안 작성에 응용

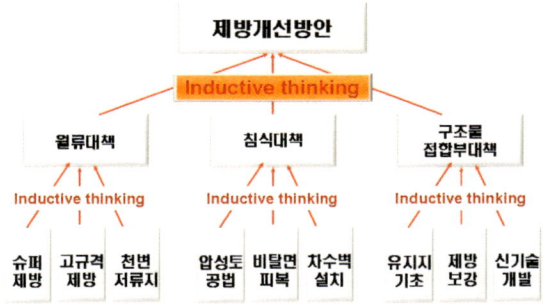

대제목 or 소제목	Keyword(핵심어)	Support(보조어)
제방개선방안	월류대책	1) 슈퍼제방 2) 고규격제방 3) 천변저류지
	침식대책	1) 압성토공법 2) 비탈면피복 3) 차수벽설치
	구조물 접합부대책	1) 유지지기초 2) 제방보강 3) 신기술개발

민토 피라미드를 회전시키면 표를 만들 수 있다. 표에서 민토 피라미드의 메시지(요약)는 기술사 답안에서는 키워드가 되며, 하위그룹은 키워드에 대한 내용이나 설명이 된다. 결과적으로 키워드를 통해 하위그룹의 글을 유추하게 된다. **키워드만으로 하위그룹의 글을 판단해버리게 되므로 답안에서 가장 중요한 요소는 키워드(핵심어, 핵심도표, 핵심적인 그림 등)가 된다.**

서점에는 맥킨지와 관련된 다양한 책들이 많이 출판되어 있지만, 짧은 시간 내에 쉽게 이해하기에 『맥킨지식 문서력』이라는 책이 좋을 듯하다.

이 책에는 맥킨지식 문서의 표준인 피라미드 구조에 대한 이해 및 정확·간결·설득력 있게 글 쓰는 요령, 그래프·표·도형 등을 작성하는 방법을 소개하고 있다.

더불어 One Paper, 즉 '1 page 무양식 보고서 작성법'과 이메일 작성법도 소개를 하고 있으므로 기술사 시험공부뿐만 아니라 업무에도 참고가 될 만한 좋은 책이라 생각된다.

이 책을 읽다 보면 기술사 시험 답안이 왜 채점자 위주로 작성되어야 하는지를 깨닫게 해줄 것이다. 채점자는 클라이언트다. 예비 기술사들은 채점자를 설득해야만 한다.

이 답안 작성자가 기술사 시험에 합격할 자격이 충분한 기술자라고 효과적이고 효율적으로 이해시켜야 하는 것이다.

▶ 맥킨지식 문서력

〈1 Paper & Chart 소개〉

- 논리력과 설득력에 중점을 둔 책
- 짜임새 있는 구조화, 간결한 문장, 깔끔한 도형 작성방법을 맥킨지 문서작성 4단계로 설명하고 있다.

- 또한, 1 Paper로 간결하게 문서를 만드는 방법과 설득력 있는 많은 장표의 문서를 만드는 방법을 알려주고 있다.

12.4 자신의 답안지를 돋보이게 하는 도구

■□■ 기술사 시험용 필기구

객관식 시험의 경우 컴퓨터용 흑색 수성 사인펜으로 필기도구가 정해져 있다. 따라서 OMR카드에 표시된 정답을 인식할 수 있는 기능이 부여된 펜을 지정하고 있다.

기사 또는 기능사시험과 같은 객관식 시험과 마찬가지로 서술형 주관식 답안을 작성하는 기술사 시험의 경우도 필기도구 사용이 제한적이다.

▶ 답안지 작성 시 필기구 제한 내용

```
        답 안 지  작 성 시  유 의 사 항

1. 답안지는 총 제(14면)이며 교부받는 즉시 매수, 페이지 등 정상여부를 반드시 확인하고 1매라도
   분리 되거나 훼손하여서는 안됩니다.
2. 시행회, 자격종목, 수험번호, 성명을 정확하게 기재하여야 합니다.
3. 수험자 인적사항 및 답안작성은 반드시 흑색 또는 청색필기구 중 한가지 필기구만을 계속 사용
   하여야 하며 연필, 굵은 싸인펜, 기타 유색필기구 등으로 작성된 답안은 0점 처리됩니다.
4. 답안 정정시에는 두 줄(=)을 긋고 다시 기재 가능하며, 수정테이프(액)등을 사용했을 경우 채점
   상의 불이익을 받을 수 있으므로 사용하지 마시기 바랍니다.
5. 답안지에 답안과 관련없는 특수한 표시, 득점언임을 암시하는 답안은 0점 처리합니다.
6. 답안작성 시 흠(구멍)이나 도형 등 그림이 없는 작선자(템플릿 사용금지) 만 사용할 수 있으며,
   지정도구 외의 자 를 사용할 시에는 불이익을 받을 수도 있습니다.
```

생각보다 필기구 선택의 폭이 정해져 있는 듯하다. 일단 색은 흑색과 청색만 사용할 수 있다. 연필의 사용이 안 되는 것으로 보아 샤프도 사용이 안 될 것이다. 굵은 사인펜의 경우 '굵은'이라는 두께의 기준이 애매모호한 것으로 보아 일반적으로 사용하는 얇은 수성 사인펜 외에는 사용할 수 없다는 뜻으로 여겨진다.

기술사 시험에 사용할 수 있는 펜은 볼펜이거나 아니면 얇은 수성 또는 유성 사인펜이다.

전쟁에서 병력과 무기를 빼놓고 전략과 전술을 논할 수 없듯이 기술사 시험에서 필기구는 전략과 전술을 펼치는 무기와도 같은 존재이다. 물론 무기의 성능이 우수하다고 반드시 전쟁에서 승리하는 것은 아니지만 적절한 필기구의 선택이 생각보다 기술사 시험에 미치는 영향이 큰 것도 사실이다.

▶ 볼펜 & 수성 사인펜 비교

구분	볼펜	수성 사인펜
기준	굵은 볼 사용 가능	굵은 펜 사용 불가 (기준이 모호)
고무그립 제품	有	無
장시간 사용 시	볼 두께 변화 無	펜 두께 변화 有
문제점	볼펜 똥	번짐(수성)
필기 감촉	부드러움	뻑뻑함
악필 보정효과	낮음	중간
글씨 교정효과	중간	낮음

일반 업무에 많이 사용하는 수성 사인펜은 글씨가 예쁘게 나오는 장점이 있지만 장시간 사용 시 잉크가 말라버리거나 펜촉이 무뎌지는 등 100분간 지속적으로 답안을 작성해야 하는 기술사 시험에서 사용하기에는 무리가 있다.

또한, 수성 사인펜으로 자를 이용하여 표를 그리거나 그림을 그릴 때 볼펜보다 늦게 마르기 때문에 글씨나 선이 번지는 경우가 많다.

이렇듯 장시간 치러지는 기술사 시험의 특성을 고려할 경우 수성 사인펜보다는 볼펜이 주관식 서술형 답안 작성에 더 적합한 필기구이다.

■□■ 글씨의 굵기와 가늘기

글씨의 굵기와 가늘기를 정하는 것이 필기선이다. 볼펜의 필기선은 볼의 크기에 따라 결정된다. 볼펜은 필기선이 굵을수록 필기 감촉이 부드럽다. 외국의 경우 볼펜류의 볼 크기가 평균적으로 크기 때문에 필기감촉이 부드러운 제품이 많으나 국내의 경우 가는 선의 필기구가 상대적으로 많이 팔리기 때문에 필기 감촉이 빡빡한 것처럼 비교되곤 한다.

필기 감촉의 부드러움과 빡빡함은 제한된 시간 내에 주관식 단답형 또는 주관식 서술형으로 답안을 작성해야 하는 기술사 시험에서 답안 작성시간을 단축하는 데 영향을 미치게 된다.

▶ 글씨 굵기 비교

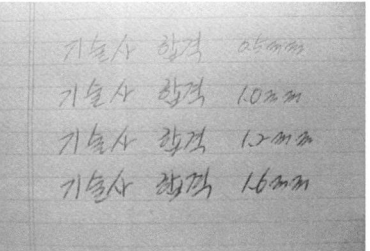

답안 작성 시 유의사항에는 "……반드시 흑색 또는 청색 필기구 중 한 가지 필기구만을 계속 사용하여야 하며……"로 되어 있어, 볼 두께가 다른 같은 종류의 흑색 볼펜은 사용해도 좋은지는 모호하다.

그러나 출제된 문제에 대하여 깊이 생각할 시간도 부족한 100분이라는 짧은 시간 동안 10~12페이지 정도의 답안을 작성하는 데 볼펜을 바꿔가면서 답안을 작성하기란 말처럼 쉽지가 않다.

■□■ 기술사 시험용 볼펜(1.6mm 볼펜)

글씨를 크고 굵게 쓸 수 있기 때문에 1.6mm 볼펜은 속칭 '기술사 볼펜'으로 통한다. 크고 굵은 글씨체는 작고 가는 글씨체보다 다양한 표현력을 가질 수 있기 때문에 기술사 시험에서 많은 예비 기술사들이 사용하고 있다.

1.6mm 볼펜을 자유자재로 사용하려면 연습이 필요하다. 다소 두껍다고 느껴지는 1.0mm와 0.7mm 보통 볼펜은 약지손가락과 아래 손바닥을 바닥에 대고 엄지와 검지를 주로 움직이며 글씨를 쓰면 된다. 그러나 볼 두께가 두꺼운 1.6mm 볼펜은 일부러 글씨를 크게 써야 하기 때문에 붓글씨 쓰듯 팔로 글을 쓰게 된다.

처음에는 일정한 크기로 글씨를 쓰기도 어렵고 쓰는 속도도 느리기 때문에 보통 볼펜처럼 다루듯 하려면 꾸준한 연습을 해두어야 한다. 일반적으로 많이 사용되는 볼펜이 아니다 보니 일반 문구점에서는 구입하기도 쉽지 않다. 이런 이유로 평소에 1.6mm 볼펜을 가지고 다니는 사람은 기술사 공부를 하고 있는 예비 기술사라고 짐작해볼 수 있다.

▶ 1.6㎜ 볼펜의 장/단점

구분	1.6㎜ 볼펜
장점	• 필기감 우수 • 글씨 쓰는 속도가 빠름 • 큰 글씨 작성 유리 • 가독성 우수 • 키워드 식 답안 작성에 적정 • 힘 조절에 의한 선 굵기 조절 가능
단점	• 볼펜 똥이 많음 • 다루기 힘듦(적응, 연습 필요)

▶ 1.6mm 볼펜으로 작성된 답안

문제   관수로의 마찰손실계수 f의 결정방법

I. 마찰손실계수 f
   (1) Darcy - Weisbach 공식
   $$h_L = f \cdot \frac{\ell}{D} \cdot \frac{V^2}{2g}$$
   (2) 마찰손실계수 f는 손실수두와 속도수두, 관의 길이와 관경과의 관계를 표시하는 비례상수
   (3) 관의 조도에 관계되며 유속, 점성계수, 관경과도 관계

II. f의 결정방법   1.6mm 볼펜두께의 효과로 답안이 꽉 차 보이고, 힘 있고 필력이 좋아 보인다.
   가. 층류영역
      (1) $f = Re$ 만의 함수
      (2) $f = \frac{64}{Re}$ ($Re \leq 2,000$)

   나. 천이류 영역
      (1) 한계류와 난류의 중간영역
      (2) $f = Re$와 상대조도(ε/D)의 함수

   다. 난류영역
      (1) $f = $ 상대조도(ε/D) 만의 함수
      (2) $f = \frac{124.5 n^2}{D^{\frac{1}{3}}}$

▶ 0.5mm 볼펜으로 작성된 답안

문제 관수로의 마찰손실계수 f의 결정방법

I. 마찰손실계수, f
  (1) Darcy - Weisbach 공식
$$h_L = f \frac{l}{D} \frac{V^2}{2g}$$
  (2) 마찰손실계수 f는 손실수두와 속도수두, 관의 길이와 관경과의 관계를 표시하는 비례상수
  (3) 관의 조도에 관계되며 유속, 점성계수, 관경 과도 관계

II. f의 결정방법   가는 글씨체는 흘려 쓴 경우 글씨가 날려 보이며, 가늘어 필력을 느끼기 어렵다.
  가. 층류영역
    (1) $f = R_e$와의 함수
    (2) $f = \frac{64}{R_e}$ ($R_e \leq 2000$)

  나. 천이류영역
    (1) 한계류와 난류의 중간영역
    (2) $f = R_e$와 상대조도 (E/D)의 함수

  다. 난류영역
    (1) $f = $ 상대조도 (E/D)와의 함수
    (2) $f = \frac{124.5 n^2}{D^{1/3}}$

시중에는 대략 4종류의 1.6㎜ 볼펜이 판매되고 있다. 이 중에서 PILOT BPS-GP 1.6㎜ 볼펜은 뚜껑 방식이라 다소 불편하지만, 손가락 부분의 고무 형태가 삼각형 모양으로 되어 있어 안정감이 있고 장시간 사용해도 피로가 덜하다는 장점이 있다.

버튼 방식의 볼펜들은 글을 쓸 때 볼이 눌려 들어가는 느낌이 있어 다소 신경이 쓰이며, 손가락 부분이 원형으로 되어 있어 장시간 사용 시 손가락에 눌려 피로감이 누적되는 단점이 있다.

▶ 1.6㎜ 볼펜

ZEBRA JIMINISTIC 1.6㎜
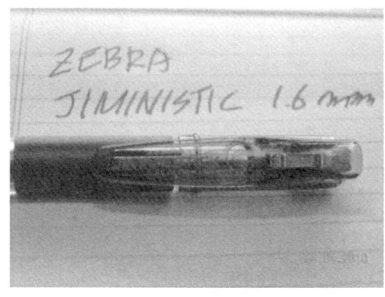

ZEBRA Tapliclip 1.6㎜
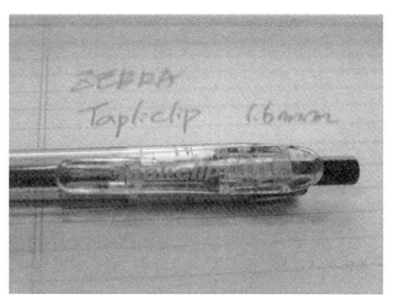

PILOT BPS-GP 1.6㎜
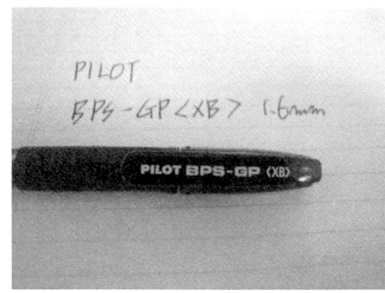

DONG-A AnyBall 501 1.6㎜
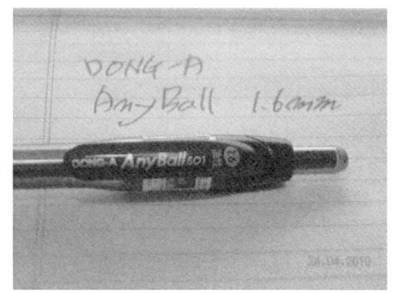

■□□ **중성볼펜**

  1.6㎜ 볼펜 사용이 부담스럽거나 글씨 크기를 크게 괘념치 않는 예비 기술사에게는 중성볼펜을 추천한다. 유성볼펜과 수성볼펜의 장점을 모으고 단점을 보완해서 만들어진 중성볼펜은 물에 묻어도 번지지 않고, 일반적인 유성볼펜과는 달리 잉크 찌꺼기(볼펜 똥)가 전혀 없고 필기감도 좋으며, 농도도 일정한 장점이 있다.

■□□ **시험용 자**

  탬플릿은 그림이나 도표 등을 깔끔하게 그릴 수 있으며, 답안 작성시간을 단축시켜줄 수 있는 장점 때문에 인터넷 동호회나 학원 등에서 답안 작성에 많이 이용되는 모양을 새기는 등 특별 제작하여 사용하기도 하였다. 그러나 2010년부터 타 수험생과의 형평성 문제, 부정행위 발생 가능성 등으로 인하여 일부 예비 기술사들 사이에서 만능자로 불리던 탬플릿을 사용할 수 없게 되었다.

▶ 탬플릿 사용 금지

> **답안지 작성시 유의사항**
> 1. 답안지는 총 제(14면)이며 교부받는 즉시 매수, 페이지 등 정상여부를 반드시 확인하고 1매라도 분리 되거나 훼손하여서는 안됩니다.
> 2. 시행회, 자격종목, 수험번호, 성명을 정확하게 기재하여야 합니다.
> 3. 수험자 인적사항 및 답안작성은 반드시 흑색 또는 청색필기구 중 한가지 필기구만을 계속 사용하여야 하며 연필, 굵은 싸인펜, 기타 유색필기구 등으로 작성된 답안은 0점 처리됩니다.
> 4. 답안 정정시에는 두 줄(=)을 긋고 다시 기재 가능하며, 수정테이프(액)등을 사용했을 경우 채점상의 불이익을 받을 수 있으므로 사용하지 마시기 바랍니다.
> 5. 답안지에 답안과 관련없는 특수한 표시, 특정인임을 암시하는 답안은 0점 처리됩니다.
> 6. 답안작성 시 홈(구멍)이나 도형 등 그림이 없는 직선자(탬플릿 사용금지) 만 사용할 수 있으며, 지정도구 외의 자를 사용할 시에는 불이익을 받을 수도 있습니다.

  탬플릿을 사용하면 순서도나 특정 그림을 빨리 그릴 수 있기 때문에 답안 작성시간도 단축시킬 수 있으며 그림이나 표 하나에 들어가는 적정 글자 수도 고려할 수 있으므로 구도나 짜임새도 좋아 보이게 마련이다.

시험시간을 고려할 경우 직선 자로는 일일이 크기를 재가면서 표나 그림을 그릴 수 없기 때문에 자주 사용되는 순서도나 특정 그림을 그리는 연습을 답안지의 가로·세로 크기나 줄 간격 등을 고려하여 미리 해두는 것이 좋다.

직선 자는 운영하기 편리한 크기가 좋다. 너무 클 경우 좁은 책상에서 이리저리 돌려가며 사용하기에도 불편하지만 여러 군데 볼펜 똥이 묻어 답안지가 지저분해지기 쉽다.

직선 자 중에서는 0.5cm 간격의 투명한 모눈자를 추천한다. 직선 자의 표면에 그려진 모눈을 활용하면 표의 간격을 맞추거나 특정 그림을 그리는 것이 훨씬 수월하다.

▶ 모눈이 표시된 투명한 직선 자

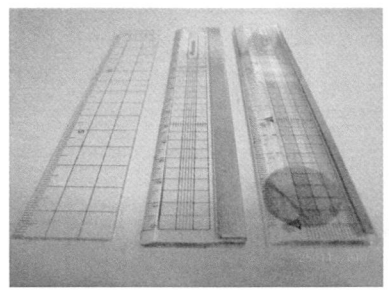
15cm 정도의 크기가 표나 그림을 그리기에 적당하다.

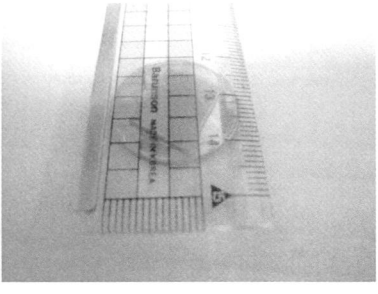
자 뒷면에 양면테이프로 동전을 붙이면 답안에 볼펜 똥이 묻는 것을 방지할 수 있다.

■□■ 휴지+스카치테이프

볼펜을 쓰다 보면 볼에서 나온 잉크가 100% 종이에 옮겨지지 않고 볼 주변에 조금씩 쌓이다가 어느 정도 이상 커지면 종이에 한꺼번에 묻어나와 보기가 싫어지게 된다. 우리는 이것을 흔히 '볼펜 똥'이라고 부른다.

이런 경우 잉크를 종이가 완전히 흡수하지 않고 잘 마르지도 않기 때문에 종이가 지저분해지는 경우가 많다. 특히 손이나 자, 옷 등에 의해서 번지거나 할 경우 더 지저분해지게 된다.

1.6㎜ 볼펜은 굵은 글씨만큼 볼펜 똥이 많이 나오기 때문에 자주 볼펜 똥을 닦아주어야 한다. 조금만 방심하여도 답안지에 볼펜 똥이 남게 되고 번지면 아주 지저분해진다.

볼펜 똥은 시험장 책상 한 귀퉁이에 휴지를 스카치테이프로 고정시켜 처리하면 된다. 볼펜과 자에서 의외로 볼펜 똥이 많이 묻어 나오기 때문에 매교시마다 새로 만들어서 책상에 붙여두는 것이 좋다.

볼펜 똥은 표를 만들거나 그림을 그릴 때 자에도 많이 묻기 때문에 볼펜뿐만 아니라 시험장에서 사용하는 자 또한 자주 휴지로 닦아주어야 한다.

◉ 휴지+스카치테이프

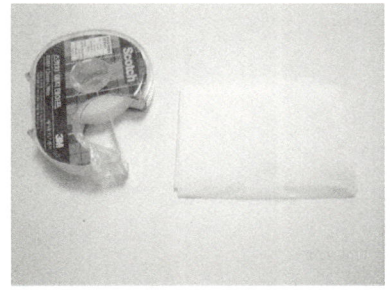
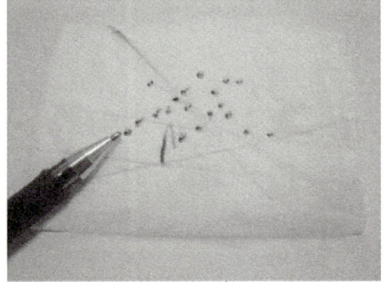

⑫.❺ 자신을 전문가로 보이게 하는 방법

전문가와 비전문가를 구분하는 기준은 그 분야에 대하여 전문적인 지식이나 기술을 갖추고 있느냐 그렇지 않느냐로 구분할 수 있으며 더불어 오랜 경험을 가진 사람을 전문가로서 더 신뢰한다.

예전에는 전문가라고 하면 의사, 약사, 변호사, 교수 등 특정한 직업을 가진 사람들을 떠올렸으나 지금은 경제전문가, 법률전문가, 보험전문가 또는 세탁전문가, 도배전문가와 같이 특정 분야에 높은 지식과 오랜 경험을 가진 사람들을 그 분야의 전문가라 일컬어 말하고 있다.

▶ 전문가 [명사]
어떤 분야를 연구하거나 그 일에 종사하여 그 분야에 상당한 지식과 경험을 가진 사람

■□■ 특급기술자처럼 보여라
건설, 기계, 정보 등의 분야에서는 어떤 사람을 전문가라고 판단할 수 있을까? 해당 분야의 기사자격을 가지고 적어도 10년 이상은 해당 기술분야의 업무를 수행해야 전문가라고 할 수 있지 않을까?

엔지니어링사업의 대가 기준에서는 이러한 사람을 특급기술자라고 구분하고 있다. 회사에서의 직책은 차장이나 부장급 이상의 직급을 가지고, 나이는 40대 이상인 사람들이 대개 특급기술자에 해당할 것이다.

기술사 시험 답안에서 본인을 이런 전문가적인 지식과 풍부한 경험을 가진 기술자로 보이게 하는 방법은 2가지 정도를 들 수 있을 것이다.

하나는 원어를 사용하는 것이며, 또 다른 하나는 글씨체다.

전문용어는 키워드를 사용할 때 영어나 한문 등과 같이 쓰면 한글로만 작성했을 때보다 효과가 더 크다. 어른스러운 글씨체는 연륜이 있고 경험이 풍부한 기술자로 인식되는 효과를 낼 수 있을 것이다.

물론 필체에 자신 있는 예비 기술사들도 많겠지만, 보기 좋고 믿음이 갈 만한 어른스러운 글씨체를 연마하기 위해서는 연습이 필요하다.

◉ 엔지니어링기술자의 등급 및 자격기준(엔지니어링사업대가의기준)

기준 구분	기술자격 및 경험기준	학력 및 경험기준
기술사	• 기술사	–
특급 기술자	• 기사자격+10년 이상 업무수행 • 산업기사자격+13년 이상 업무수행	• 박사학위+3년 이상 업무수행 • 석사학위+9년 이상 업무수행 • 학사학위+12년 이상 업무수행 • 전문대학+15년 이상 업무수행
고급 기술자	• 기사자격+7년 이상 업무수행 • 산업기사자격+10년 이상 업무수행	• 박사학위를 가진 자 • 석사학위+6년 이상 업무수행 • 학사학위+9년 이상 업무수행 • 전문대학+12년 이상 업무수행 • 고등학교+15년 이상 업무수행
중급 기술자	• 기사자격+4년 이상 업무수행 • 산업기사자격+7년 이상 업무수행	• 석사학위+3년 이상 업무수행 • 학사학위+6년 이상 업무수행 • 전문대학+9년 이상 업무수행 • 고등학교+12년 이상 업무수행
초급 기술자	• 기사자격을 가진 자 • 산업기사자격을 가진 자	• 석사학위를 가진 자 • 학사학위를 가진 자 • 전문대학을 졸업한 자 • 고등학교+3년 이상 업무수행

■□■ 어른 글씨체

 글씨를 보는 편견이 있다. 글씨의 크기, 간격 등을 보기 좋게 맞추어 쓰거나 그냥 한 글자 한 글자 또박또박 잘 쓰는 것이 아니라 휘갈겨 썼는데도 매우 어른스럽게 쓴 글씨, 그 글씨와 함께 사용된 숫자, 영문을 상상해보자. 그런 어른 글씨를 잘 쓰는 사람은 아는 것도 많을 것이고, 공부도 잘할 것 같고, 일도 잘할 것이라는 생각이 든다. 이런 어른 글씨체를 보면 글쓴이의 필력에서 인품, 성품, 능력도 함께 느끼게 된다.

▶ **필력(筆力) [명사]**
  1. 글씨의 획에서 드러난 힘이나 기운
  2. 글을 쓰는 능력

 숫자를 잘 쓰는 사람은 셈도 잘할 것 같고, 분석도 잘할 것 같다. 영문을 잘 쓰는 사람은 아는 단어도 많고 영자 신문도 쉽게 읽을 수 있을 것처럼 보인다. 나이를 먹게 되면 그런 어른스러운 글씨를 쓸 수 있을 것이라는 생각이 들겠지만, 제대로 어른 글씨체를 쓰기까지는 어느 정도의 시간과 연습이 필요하다.

 작은 글씨체는 손가락과 팔의 힘만으로도 자유자재로 조절하며 쓸 수 있지만, 어른 글씨체처럼 크게 쓰는 글씨는 손가락과 팔의 힘을 자유자재로 조절할 수 있는 능력이 필요하다.

 어른 글씨체로 쓰기 위해서는 자신의 글씨체에 대한 판단이 필요하다. 가장 좋은 방법은 다른 사람들의 서체 샘플과 비교해보는 것이다. 부모님의 서체, 직장상사의 서체 혹은 동료나 친구들의 서체와 비교해보면 자신의 글씨체를 판단하는 데 도움이 될 것이다.

▶ 약간 흘려 쓴 어른 글씨체

문제 Darcy의 법칙

I. 개요
  1) 지하수 흐름의 기본 방정식
    $$U = Ki = -K \frac{dh}{ds}$$
  2) 다공성 물질을 통한 유량이 비교적 적을때 유량 Q는 손실수두에 비례

II. Darcy의 법칙 가정
  1) 다공층을 구성하는 물질은 특성이 균일하고 동질 (isotropic and homogeneous)
  2) 대수층내 모관수 존재 안 함.
  3) 흐름이 정상류 (Steady flow)

III. 결론
  1) Darcy 법칙은 다공층을 통해 흐르는 지하수의 유속은 동수 경사에 비례
  2) Darcy 법칙은 층류에만 적용
  3) Renolds 수로 지하수 흐름의 층류여부 판단
    $$Re = \frac{Vd}{V}$$
  Reynolds 수가 큰 경우 Darcy 법칙 적용 불가

▶ 예쁘게 쓴 여자 글씨체

문제   역 조정지

I. 개 요

(1) 수력발전댐 또는 조정지를 가지는 댐에서 부하변동에 따라 사용수량을 변경하면 방수로 하류 하천수량의 변화발생

(2) 하류하천의 수량변동으로 여러가지 지장을 초래할 경우 이를 다시 자연유량으로 환원하기 위해 도입되는 조정지를 역조정지(Regulating basin)라 함

II. 규모 산정

(1) 하류 방류량 Qd

$$Qd = \frac{Qp \times Tp \times 60 \times 60}{24 \times 60 \times 60}$$

여기서, Qp는 발전수량 (m^3/h)
Tp는 첨두발전 가동N값.

(2) 재조정지 용량 V

$$V = (Qp - Qd) \times Tp \times 60 \times 60$$

III. 설치 동향

(1) 북한강 수계는 저수지가 계단식으로 연속되어 있어 하류 저수지가 재조정지 기능 발휘

(2) 충주댐이나 대청댐은 역조정지 있음. 끝

■□■ 큰 글씨체

글씨체를 큰 글씨, 중간 글씨, 작은 글씨로 굳이 구분해보자. 기술자들은 대개 작은 글씨체를 선호한다. 문제를 분석하길 좋아하며, 답을 찾기 위해 집중하며 꼼꼼하다. 이를 바탕으로 자신의 주장을 남에게 설득하기 위해 구구절절하게 쓰기 때문에 문장이 길어지고 글씨체를 작게 쓰는 경향이 크다.

글자의 크기에 담긴 의미를 이해하기는 쉽다. 글씨를 크게 쓰는 사람들은 대체적으로 스케일이 크게 살고 싶어 한다. 이들은 자신감이 있으며, 솔직하며, 에너지로 가득 차 있으며, 많은 경험을 하였고, 더 많은 경험을 갈망한다. 그리고 주위로부터 주목과 인정을 받고 있는 것처럼 보인다.

간단히 말해 글씨를 크게 쓰는 사람은 자신의 지식과 경험을 바탕으로 하는 전문가로서의 자신감을 피력하는 것이다.

사람들은 세부사항에 관심을 기울여야 하는 일에는 잘 적응하지 못한다. 이러한 세부사항을 작은 글씨체라고 한다면 큰 글씨체에는 왕성한 에너지, 열정, 새로운 일에 대한 도전력이 느껴진다.

전문지식과 경험을 바탕으로 응용능력에 대한 평가를 받는 기술사 시험에는 이러한 도전력을 바탕으로 한 창조성과 상상력이 요구되는 상황이 발생하기도 한다.

물론 글씨를 크게 쓰는 것에도 정도가 있다. 답안지는 가로, 세로 규격과 22줄로 정해져 있다. 답안지를 압도할 정도로 크게 쓴 글씨는 뭔가를 위해 지나치게 설치고 있다는 느낌과 너무 많은 일을 벌이고 있다는 느낌을 줄 수도 있으며, 무언가 정리가 덜 된 것 같은 느낌을 주기도 한다.

어느 정도가 적당한 글씨 크기인지 판단도 필요하다.

▶ 큰 글씨체(1.6㎜ 볼펜—표로 구분)

문제 관수로의 마찰손실계수 f 의 결정방법

<mark>동일한 글자수라도 글자크기가 커지면 답안이 꽉 보이는듯한 효과가 있다.</mark>

I. 마찰손실계수, f
  (1) Darcy-Weisbach 공식
      $f = h_L \cdot \dfrac{D}{l} \cdot \dfrac{2g}{V^2}$ <mark>한글과 원어를 함께 쓰면 내용을 늘릴 수 있다.</mark>
  (2) 마찰손실계수 f (<mark>Coefficient of friction head</mark>)는 손실수두와 속도수두, 관의 길이와 관경과의 관계를 표시하는 비례상수
  (3) 관의 조도에 관계되며 유속, 점성계수, 관경과도 관계

II. f 의 결정방법

영역	결정 방법
층류영역	(1) f = Re 만의 함수 (2) $f = \dfrac{64}{Re}$ (Re < 2,000)
천이류영역	(1) 한계류와 난류의 중간영역 (2) f = Re 와 상대조도(ε/D) 의 함수
난류영역	(1) f = 상대조도 (ε/D) 만의 함수 (2) $f = \dfrac{124.5 n^2}{D^{1/3}}$

<mark>공식을 두 줄에 적거나, 글자 크기를 조절하여 표의 줄 간격을 같게 한다.</mark>

▶ 작은 글씨체(0.5㎜ 볼펜—서술형)

> 문제 관수로의 마찰손실계수 f의 결정방법
>
> I. 마찰손실계수 f
>   (1) Darcy - Weisbach 공식
> $h_L = f \cdot \dfrac{\ell}{D} \cdot \dfrac{V^2}{2g}$
>
>   (2) 마찰손실계수 f는 손실수두와 속도수두, 관의 길이와 관경 과의 관계를 표시하는 비례상수
>
>   (3) 관의 조도에 관계되며 유속, 점성계수, 관경과도 관계
>
> II. f의 결정방법
> 가. 층류영역
>   (1) $f = Re$ 만의 함수
>   (2) $f = \dfrac{64}{Re}$ ($Re \leq 2000$)
>
> 나. 천이류영역
>   (1) 한계류와 난류의 중간영역
>   (2) $f = Re$ 와 상대조도 (ε/D)의 함수
>
> 다. 난류영역
>   (1) $f = $ 상대조도 (ε/D) 만의 함수
>   (2) $f = \dfrac{124.5 n^2}{D^{1/3}}$

글씨가 작아 답안지 여백이 많이 남으며, 핵심어도 한눈에 들어오지 않고 있다.

답안지의 1/3 정도가 빈 공간으로 남음

12.6 답안 작성방법(예비답안 만들기)

■□■ 단답형 주관식(문제당 10점)

1교시는 13문제 중 10문제를 선택하여 답안을 작성하게 된다. 교시별로 60점을 받으면 4교시 평균 60점이 되어 합격하게 되므로 1교시의 한 문제당 만점은 6점으로 가정할 수 있다.

1교시 문제는 단답형 주관식으로 부분 점수의 폭이 적기 때문에 OX 문제에 가깝다. 한 문제당 만점을 6점으로 할 경우 10문제 중 두 문제만 틀려도 48점밖에 획득할 수 없으므로 2교시 이후 주관식 서술형 문제를 아무리 잘 봐도 평균 60점을 넘기는 어려워진다.

1교시 문제는 한 문제당 최고점수를 7점, 총점은 70점 정도를 만점으로 가정하는 것이 적정할 듯하다. 2문제 정도 틀렸을 때 56점이므로 2교시 이후 주관식 서술형 문제에서 좋은 점수를 받는다면 60점 이상을 기대해볼 수 있게 된다.

1교시는 최소한 8문제 이상 확실히 맞아야 합격권에 들 수 있다.

답안 작성은 한 문제당 한 페이지를 채워 쓰는 것이 적당하다. 답안지 22줄 중에서 처음 한두 줄은 문제를 적고 한 줄을 띄워서 답안을 쓰며 마지막 한 줄에는 '이하 여백'이라고 쓴다면 총 3~4줄이 빠지게 된다.

▶ 답안작성 완료시 유의사항

9. 답안 작성시 답안지 양면의 페이지 순으로 작성하시기 바랍니다.
10. 기 작성한 문항 전체를 삭제하고자 할 경우 반드시 해당 문항의 답안 전체에 대하여 명확하게 X표시 (X표시 한 답안은 채점대상에서 제외) 하시기 바랍니다.
11. 시험시간이 종료되면 즉시 답안작성을 멈춰야 하며, 종료시간 이후 계속 답안을 작성하거나 감독위원의 답안제출 지시에 불응할 때에는 채점대상에서 제외될 수 있습니다.
12. 각 문제의 답안작성이 끝나면 "끝"이라고 쓰고 다음 문제는 두 줄을 띄워 기재하여야 하며 최종 답안작성이 끝나면 그 다음 줄에 "이하여백"이라고 써야 합니다.
13. 비번호란은 기재하지 않습니다.

1교시 문제는 답안지의 22줄 중 18~19줄 정도로 작성하면 된다. 답안내용은 서론-본론-결론의 3단계로 구성하고 각 단계별로 적정한 줄의 수를 고려해서 답안을 작성하면 된다.

10페이지마다 답안지 첫 줄에 문제를 적고 마지막 줄을 이하 여백으로 정리한 답안은 일관성도 있고 정리가 잘된 답안이라 채점자 입장에서도 보기가 좋다.

◎ 10점 문제 답안 구성방법

구분	답안구성 내용	줄
Page 1	〈문제〉	1
	- 공백 -	1
	I 정의	1
	- 내용	4
	II 개념도, 그래프, 산정식, 목적 및 필요성, 효과, 구성, 용도 및 특징 등	1
	- 내용(표 또는 그림)	6~7
	III 개발방향, 유의사항, 향후전망	1
	- 내용	5~6
	〈끝〉	1
	계	22

▶ 10점 문제 답안 작성(예)

1 page 답안 구성방법을 지켜서 작성한 경우(예상점수: 7점)

문제 순간단위유량도

I. 개요

　　개요에 원어를 쓰면 문제의 정의를 정확히 알고 있음을 채점자에게 어필하는 효과가 있다.

(1) 순간단위유량도(Instantaneous Unit Hydrograph, IUH)는 지속기간이 0이고 크기가 1cm인 가상적인 유효강우에 대한 단위도

(2) 단위도에서 지속기간에 의한 영향을 제거하기 위해 고안된 것

II. S-curve를 이용한 IUH 유도

(1) 지속시간 t_2 단위도로부터 t_1 단위도 유도

$$u(t_2, t_1) = \frac{t_2}{t_1}(S_{t_2} - S_{t_2 - t_1})$$

(2) IUH는 지속시간이 0이므로 $t_1 = 0$

$$u(t_1) = t_1 \frac{dS_{t_1}}{dt_1}$$

공식은 1줄 보다는 2~3줄로 적는 것이 가독성이 좋다.

(3) IUH의 첨두유량은 변곡점과 같은 시간에 발생

도표나 그래프는 적당한 여백이 남도록 그려야 키워드 효과가 발생한다.

1 page 중간에서 답안이 마무리된 경우(예상점수: 4점)

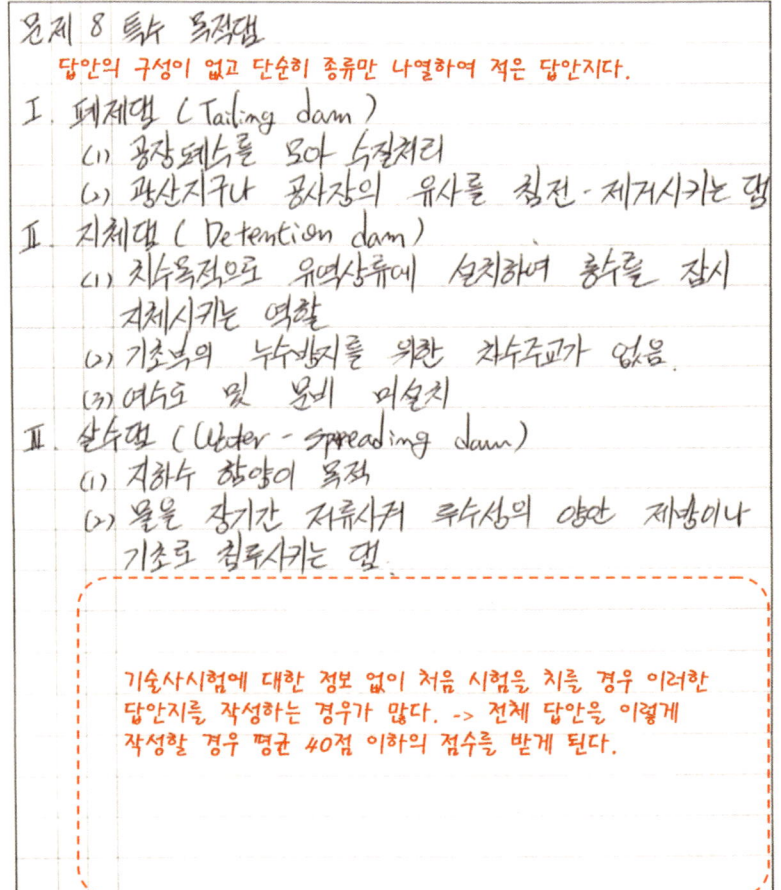

■□■ 서술형 주관식(문제당 25점)

 2교시부터 4교시까지는 6문제 중 4문제를 선택하여 답안을 작성하게 된다. 1교시와 마찬가지로 60점을 받으면 4교시 평균 60점이 되어 합격하게 되므로 한 문제당 만점의 기준은 15점으로 가정할 수 있다.

 2교시부터는 15점을 기준으로 ±1~2점의 가점과 감점을 받게 된다.

 서술형 주관식 문제의 경우 ±1점이 의미하는 바는 평균점수로 설명할 수 있다.

 1교시는 10문제 중 8문제를 정답으로 하여 각 7점씩 총 56점을 받는 것으로 가정하였다. 2~4교시는 교시별 문제 모두 점수를 주되 1점씩 차등 적용하였다.

▶ 문제별 ±1점에 따른 점수 비교

구분	1교시	2교시	3교시	4교시	총점	평균
case 1	56	48	48	48	200	50.00
	1교시: 8문제×7점=56점 2,3,4교시: 4문제×12점=48점					
case 2	56	52	52	52	212	53.00
	1교시: 8문제×7점=56점 2,3,4교시: 4문제×13점=52점					
case 3	56	56	56	56	224	56.00
	1교시: 8문제×7점=56점 2,3,4교시: 4문제×14점=56점					
case 4	56	60	60	60	236	59.00
	1교시: 8문제×7점=56점 2,3,4교시: 4문제×15점=60점					
case 5	56	64	64	64	248	62.00
	1교시: 8문제×7점=56점 2,3,4교시: 4문제×16점=64점					

1교시 점수, 계산문제, 3심제 등의 여러 가지 변수에 따라 점수는 달라질 수 있으므로 위의 점수 비교는 서술형 주관식 문제에서 ±1~2점의 가·감점이 주는 의미 정도만 이해하면 될 것이다.

기술사 시험은 평균점수로 보면 단 몇 점의 차이로 불합격하는 것처럼 보이지만 교시별 각각의 점수로 보면 전체적으로 모든 문제의 점수가 부족하기 때문에 불합격하게 되는 것이다.

답안 작성방법을 개선하여 채점자 위주의 답안을 작성하고자 노력하는 이유는 문제당 1~2점이라도 더 받기 위해서다.

교시별로 채점되는 답안은 한 문제가 잘 작성되었다고 1~2점의 가점을 주는 것이 아니기 때문에 전체적으로 답안이 잘 작성되어야 한다.

서술형 주관식 문제의 답안 작성방법도 단답형 주관식 문제의 답안 작성방법과 유사하다.

일관성을 유지하기 위해 답안의 첫 줄에 다음 문제를 적을 수 있도록 답안의 양을 조절해서 작성하며, 문제와 마찬가지로 대제목과 내용도 다음 페이지로 넘겨서 작성하지 말고 될 수 있으면 같은 페이지 안에 들어오도록 작성하는 것이 좋다.

한 페이지 정도를 쓰는 단답형 주관식 문제와 같이 서술형 주관식도 문제와 답안은 공백을 두어 분리하는 것이 보기 좋다. 또한, 한 문제당 2~3페이지 정도를 작성하게 되므로 첫 페이지와 두 번째 페이지의 마지막 줄은 비우지 말고 내용을 채우도록 한다.

단, 다음 문제와는 분명히 구분 짓기 위해 마지막 페이지의 마지막 줄에는 '끝'이라고 쓰고 두 줄을 비워두자.

답안 구성의 마지막 결론 부분은 적지 않아도 무방하지만 결론 부분이 필요하다면 마지막 페이지를 맞추기 위해 발전방향이나 향후전망, 자신의 의견 등의 내용을 추가하여 작성하면 된다.

▶ 25점 문제 답안 구성방법

구분	답안구성 내용
Page 1	I 개요 　가. 정의 　나. 등장배경 　다. 필요성 　라. 중요성
Page 1 or Page 2	II What 특징(그림 or 표) 　가. 구성 or 구조 　나. 기능 or 유형 　다. 단계 or 절차
Page 2 or Page 3	III How 구축방안(그림 or 표) 　가. 고려사항 　나. 응용분야 　다. 문제점 및 해결방안
Page 2 or Page 3	IV 기타평가(그림 or 표) 　가. 기대효과 　나. 종류별 장단점 　다. 동향 　라. 표준화
Page 3	V 결론(페이지를 맞출 때만 쓸 것) 　가. 발전방향 　나. 향후전망 　다. 결언(나의 의견)

25점 문제 답안 작성(예)

3 page 답안 구성방법을 지켜서 작성한 경우(1/3) 예상점수: 16점

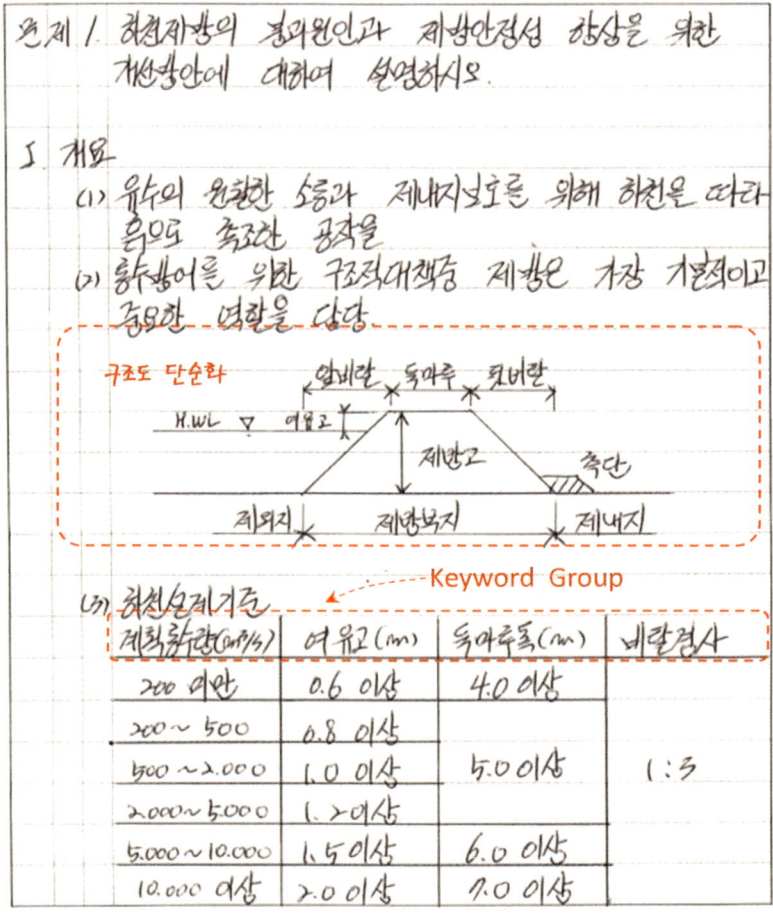

Ⅱ. 제방 붕괴 원인

원인	주요 내용
월류	1) 하도 통수능을 초과하는 홍수율 발생 2) Debris flow에 의한 통수능 저하
침식	1) 급경사측 또는 만곡측에 과대유속 또는 소류력 작용 2) 제방비탈면 이나 하단부 세굴 3) 수축시설물에 의한 제방침식
제체 불안정	1) 성토재료·다짐불량 2) 제체균열 및 단면축소 3) 제체 및 지반누수에 의한 Piping
구조물 영향	1) 하천구조물이 충격파면서 제방 붕괴 2) 제방과 구조물 접합면 붕괴 3) 구조물 접합부 공동현상

Ⅲ. 개선 방안
   가. 월류대책

이렇게 키워드를 표로 구분하는 답안은 시험장에서 즉흥적으로 만들기는 어렵다. 평소 연습이 필요하다.

대책	주요 내용
제방보강	1) 제체폭 확대 및 슈퍼제방 2) 고규격·고품질 제방 3) 환경사·Green·Frontier 제방
하도개선	1) 수두 및 홍수위 저하 2) 하도, 천변저류지, 홍수댐 설치

3 page 답안 구성방법을 지켜서 작성한 경우(3/3)

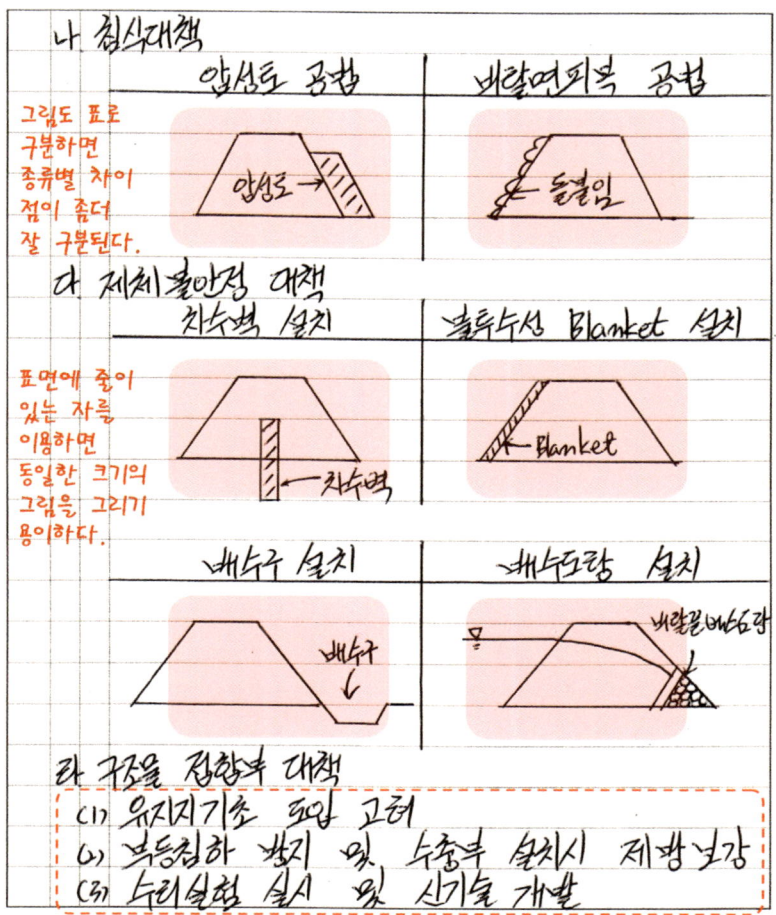

3 page 답안 구성방법을 지키지 않은 경우(1/3) 예상점수: 14점

문제 : 조압수조의 설치목적 및 종류와 특징을 기술하시오

I. 개요

개요가 너무 길다. 개요는 설치목적과 조압수조 원리를 합쳐서 적고, 수격작용은 별도의 번호를 부여하여 개요부분과 분리해야 답안구성이 매끄러워진다.

가. 설치목적
  수의 급폐쇄로 인한 관내의 과도한 압력과 수격작용 (Water Hammer)을 감시 또는 제거하기 위함

나. 수격작용
  (1) 관로내 질량 m인 유금가 가속도 $a = dV/dt$로 속도 변화시 Newton 제 2법칙
  $$F = ma = m\frac{dV}{dt}$$

  (2) 만약, 밸브폐쇄로 물의 흐름속도를 순간적 ($\Delta t = 0$)으로 완전히 0을 만든다면 힘은 이론상 무한대
  $$F = m\frac{dV}{dt} = m\frac{d(V_0 - 0)}{0} = \infty$$

다. 조압수조 원리
  (1) 압축된 흐름을 관로내로 유입
  (2) 수조내 물의 surging에 의해 압력에너지가 마찰에 의해 차차 감쇠되도록 함

II. 기능
  (1) 밸브 급폐쇄로 인한 수압관내 압력와 흡수
  (2) 밸브 급개시 유량의 급증으로 인한 수압감소를 위해

대제목은 뒷장으로 넘겨야 한다. 이렇게 답안의 끝에 위치하면 내용정리가 덜된 것 같아 보이고 뒷장의 시작이 매끄럽지 않아 보기가 불편해진다.

3 page 답안 구성방법을 지키지 않은 경우(2/3)

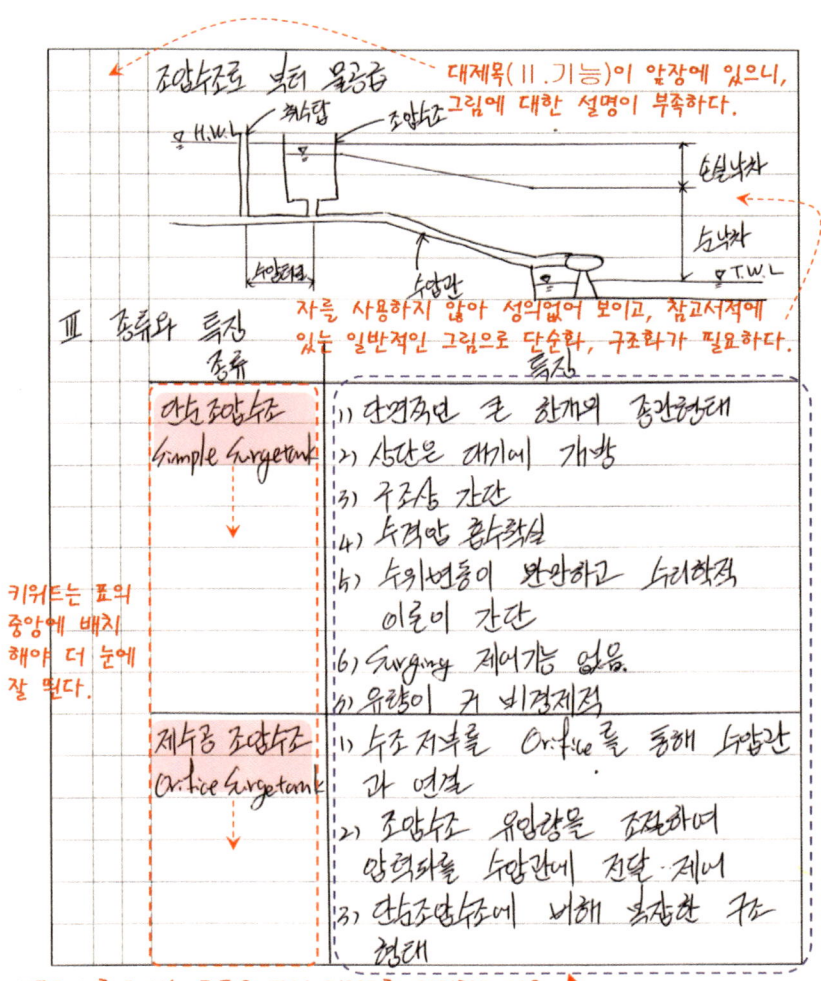

3 page 답안 구성방법을 지키지 않은 경우(3/3)

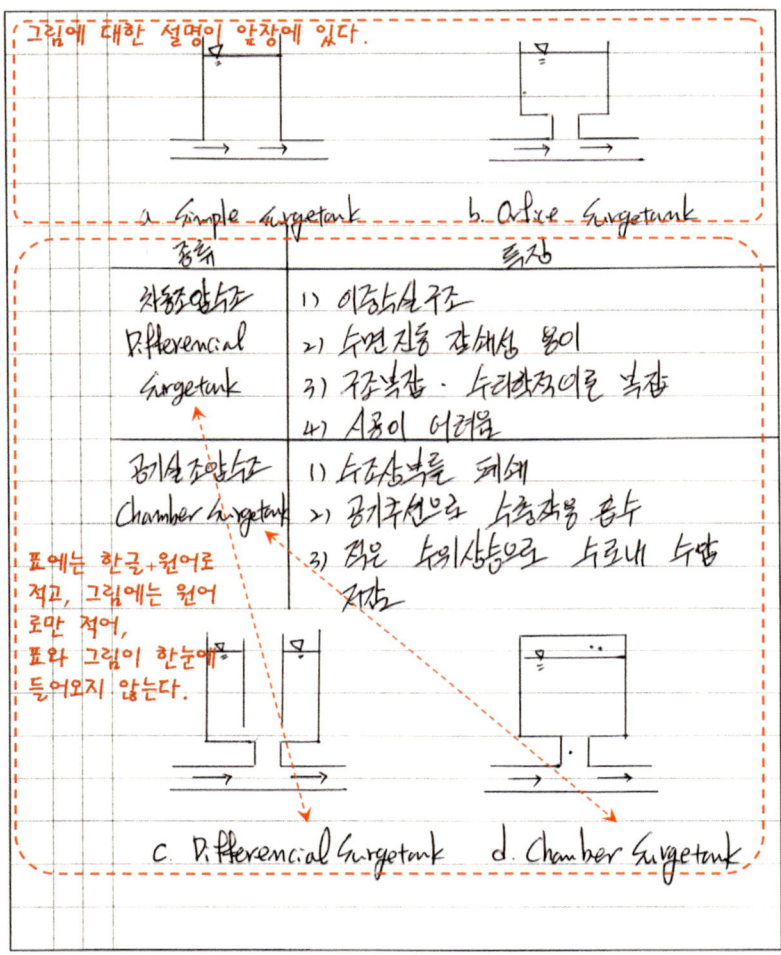

종류와 특징은 답안지 한 장 내로 정리하여 구분하는 것이 채점자가
이해하기 쉽다 -> 채점자 위주의 답안작성

12.7 내 답안의 임팩트: 키워드

■□■ 채점자를 이해하자

채점자를 이해해보자. 채점자는 바쁜 사람이다(대부분 교수, 임원 또는 위원의 직함을 가지고 있다). 대부분 성격이 급하다(여유를 가지고 내 답안을 읽어줄 시간이 부족하다). 당신의 답안지에 대한 평가 점수를 깎아 내리려고 하는 사람이며(기술사가 될 자격이 있는지를 본다), 잘된 점보다는 잘못된 점을 찾는다(다른 수험생의 답안지와 차별되지 못하면 바로 감점이다). 그리고 예의가 있기를 바란다(난해하고 성의 없는 답안을 싫어한다).

기술사 시험에서 키워드가 중요한 이유는 채점자에게 있다. 누구인지는 모르지만 채점위원의 자격으로 짐작해보면 교수, 임원, 위원 등일 것이다. 한마디로 높은 사람들이다.

채점자를 이해한다면 짧은 시간 안에 보기 좋고 이해하기 쉬운 답안을 작성해야 하는 이유를 알 수 있다. 이러한 답안을 만드는 데 가장 중요한 요소가 바로 키워드인 것이다.

기술사 시험의 준비는 기본기와 응용으로 크게 나눌 수 있다.

나만의 노트 만들기가 기본기라면 답안 작성 연습하기는 응용이라고 할 수 있다. 기본기를 쌓은 다음에 해야 하는 것이 응용력을 키우는 것인데 이것은 하루아침에 이루어지지 않는다. 기본기를 바탕으로 많은 연습을 해야 응용력이 키워진다. 여러 핵심용어 중에서 문제마다 적절한 단어를 키워드로 선택하고, 활용하고, 표현하는 것도 하나의 응용력이라 할 수 있다.

키워드는 여러 가지 방법으로 표현이 가능하다. 서브노트에 문제별로 표시해둔 키워드를 답안 작성 연습하기를 통하여 표나 그림, 그래프, 개조식 단문 등에서 나타내보자.

■□■ Keyword Impact 1 — 표

표에 키워드를 표기할 때 중요한 것은 표의 크기와 배치다.

표의 가로×세로 크기는 키워드나 설명하는 문구의 음절이나 어절 수에 따라 결정될 수 있다. 답안지는 22줄×4칸으로 구성되어 있으며, 주로 앞의 3칸은 대제목과 번호, 소번호를 쓰는 데 사용하며 나머지 긴 칸은 소제목, 내용, 그림, 표 등을 적는 데 사용하게 된다.

▶ 개요 부분의 서술문

문제	하천유지유량		
	개요는 답안지에 글자만 채워 넣으면 되는 것이 아니라		
I. 개요	"문제의 핵심을 정확히 알고 있다"는 것을 어필하는 것이 중요하다.		
	(1) 하천의 정상적인 기능 및 상태를 유지하기 위해		
	필요한 최소한의 유량 (Instream flow)		
	(2) 기준지점을 선정하여 산정 ← 서술어에 원어 삽입하여 강조		
	(3) 국토해수장이 기준지점을 선정하고, 중앙하천 관리		
	위원회의 심의를 거쳐 고시		

앞의 3칸을 제외하고 줄 높이 90% 정도 크기의 큰 글씨로 적으면 한 줄에 20자 정도 적을 수 있다. 중간에 세로로 선을 긋게 되면 글자 수가 3자 정도 줄어들게 된다. 표 안의 공백을 고려할 경우 좌우, 끝부분에도 한 글자 크기의 공간을 빼면 선을 하나 그음으로써 5자 정도를 쓸 공간이 없어지게 되므로 총 15자 정도만 적을 수 있게 된다. 3칸으로 구분하게 되면 12자 정도만 적을 공간이 생기게 된다.

답안지에 표를 만드는 이유는 제품이나 공종, 방법 등의 특징, 장단점, 내용 등을 비교, 구분하여 채점자가 알아보기 쉽게 하기 위해서다.

표 안에 너무 많은 글자가 들어가면 이런 취지가 흐려지기 때문에 글자 수에 따라 칸의 크기나 개수를 정하거나 반대로 칸의 크기에 맞게 글자 수를 조절하여 적어야 한다. 적어야 하는 글자 수가 많은 경우 주요내용은 간격을 줄여 빽빽하게 쓰더라도 키워드는 눈에 잘 띄게 구분해야 한다.

▶ 2칸으로 구분하기

▶ 3칸으로 구분하기

Ⅲ. 학습 공부에도 방법이 있다

2칸이나 3칸이 적당하지만 숫자나 한두 개의 단어로 구분이 가능하다면 4칸으로 나누어 적어도 된다.

▶ 4칸으로 구분하기

(3) 하천설계기준			
계획홍수량(m³/s)	여유고(m)	둑마루폭(m)	비탈경사
200 미만	0.6 이상	4.0 이상	1:3
200~500	0.8 이상		
500~2,000	1.0 이상	5.0 이상	
2,000~5,000	1.2 이상		
5,000~10,000	1.5 이상	6.0 이상	
10,000 이상	2.0 이상	7.0 이상	

4줄로 된 표는 복잡해 보이고 가독성이 나쁘다. 이와 같은 기준을 제외하고는 사용을 자제해야 한다.

표 안에는 번호나 기호로 구분해서 적어도 되며, 내용보다 칸이 작은 경우 다음 줄에 적는 것이 보기가 더 좋다.

구분하려는 제품이나 공종, 방법 등이 키워드일 경우 위 또는 아래를 공백으로 처리하는 것이 눈에 잘 띈다. 키워드가 한 줄이면 내용은 2~3줄, 키워드가 두 줄이면 내용은 3~4줄을 적어야 한다.

표 안에서 키워드를 강조하기 위하여 윗줄 또는 아랫줄을 공백으로 처리할 수 있으나 내용은 공백을 남기지 않는 것이 좋다.

글자 수에 따라 위에서 아래로 선을 그을 때는 모눈이 표시된 직선 자를 사용하는 것이 똑바로 선을 긋기가 편하다. 표의 테두리를 표시할 것인지 말 것인지는 개인적인 취향에 따라 다른 것 같다. 여백이나 공백을 잘 활용한다면 테두리는 안 그려도 무방하다.

■□■ **Keyword Impact 2 — 그림 or 그래프**

답안지에서 시각화되는 그림이나 그래프의 역할은 답안지의 내용을 보조하는 역할을 할 수도 있으며 때론 답안지의 내용을 주도할 수도 있다.

그림이나 그래프는 글보다 좀 더 생생히 그 사실을 보여주기 때문에 짧은 시간에 채점자에게 답안지를 이해시키는 효과가 크다. 읽고 이해하는 데 시간이 많이 걸리는 답안지는 좋은 답안이라 할 수 없다.

대부분의 예비 기술사 답안지가 획일화되기 쉬운 이유는 참고서적에서 이미 도식화된 그림이나 그래프를 그대로 옮겨 그리기 때문이다.

새로운 그림이나 그래프를 요구하는 것은 아니지만, 참고서적에 있는 것 과는 조금은 다른 표현이 필요하다. 표현 정도는 채점자와의 커뮤니케이션의 수단으로 이용할 수 있는 정도면 충분하다.

도식화는 채점자와 내가 서로 이해하고 교감할 수 있도록 구조화, 단순화시키고 나만의 개성이 있어야 한다.

▶ 그래프와 공식이 키워드인 경우

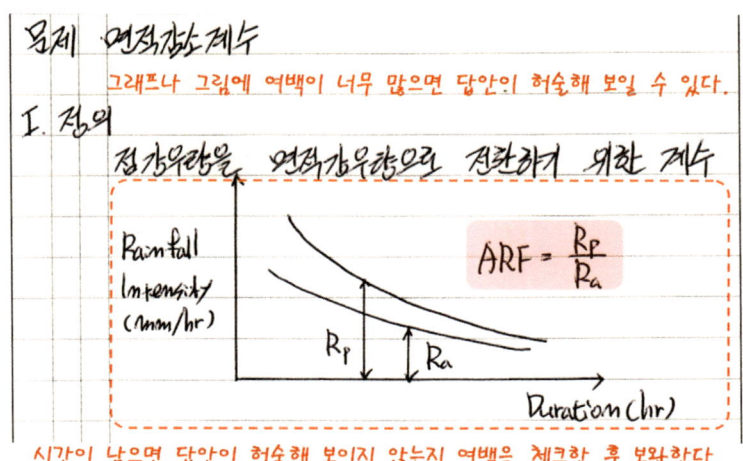

▶ 도식화(圖式化) [명사]

  사물의 구조, 관계, 변화 상태 따위를 그림이나 양식으로 만듦

▶ 도식화할 때의 고려사항 (1)

- 그림과 그래프는 단순화시켜야 한다.
- 복잡하면 그림 그리는 시간이 길어진다.
- 그림에는 꼭 필요한 키워드만 표시한다.
- 그림과 대제목 또는 소제목이 일치하도록 한다.
- 필요할 겨우 범례를 활용하라.
- 그림이나 그래프는 되도록 손으로 그려라.

▶ 대제목: 그림을 설명하는 경우

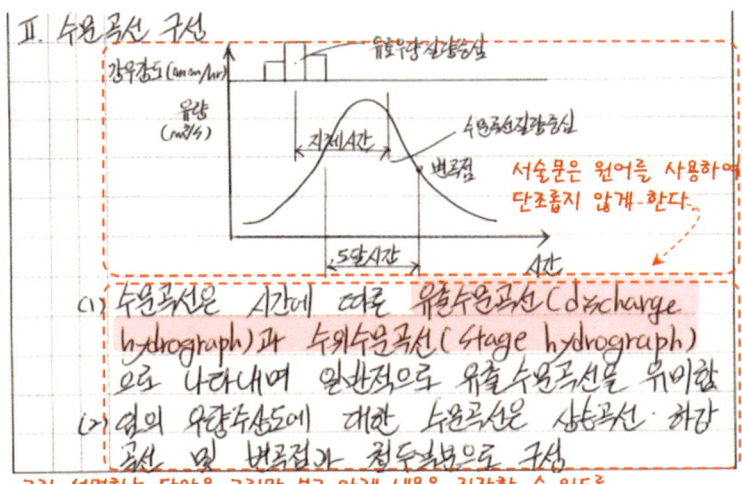

그림+설명하는 답안은 그림만 보고 아래 내용을 짐작할 수 있도록
필요한 것만 단순하게 그리는 것이 좋다.

데이터가 중요한 경우 및 결과가 중요한 경우, 구성이 중요한 경우 등에 따라 적절한 그림과 그래프를 사용하게 되며, 그 자체가 키워드가 되기도 하며 키워드를 함께 표시하여 키워드를 돋보이게 하기도 한다.

그림이나 그래프를 답안에 나타낼 때는 답안지의 맨 위나 맨 아래에 배치하는 것보다는 글자나 표 사이에 그리는 것이 보기 좋다.

이때 답안지 구성상 그림이 위에 오게 되는 경우 대제목이나 소제목을 적고 그림을 작성하며, 아래에 오면 제목을 적고 그림을 아래에서 설명하면 된다.

상황에 따라 그림이 중앙에 오는 경우와 좌·우측에 오는 경우에 따라 여백을 잘 살려 키워드를 기입하도록 한다.

▶ 소제목: 그림이 키워드인 경우

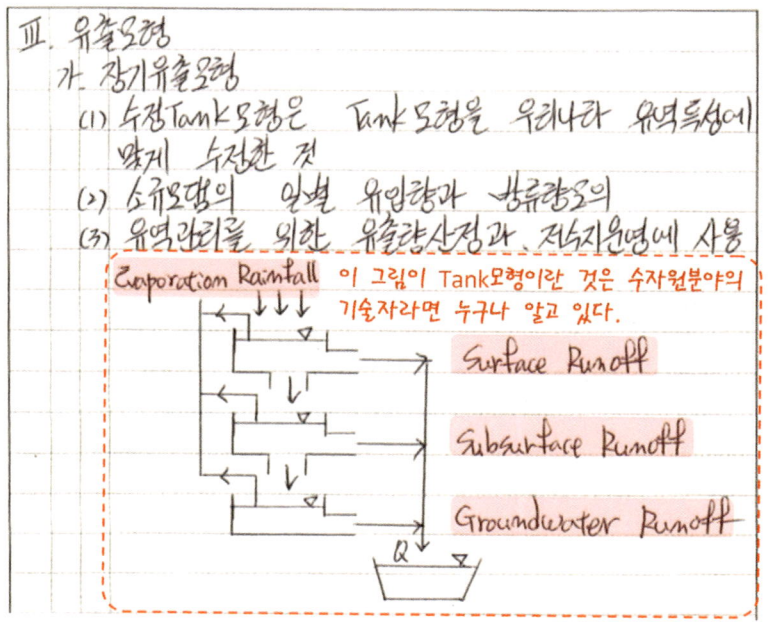

답안 작성에 그림을 이용할 경우 가장 중요한 점은 직독성을 가져야 한다는 것이다. 채점자가 답안을 펼치고 그림이나 그래프를 보자마자 그림만으로도 그 페이지에 적힌 내용이 무엇인지 유추하고, 채점자에게 출제된 문제에 대한 내용을 충분히 이해하고 있음을 분명히 알릴 수 있어야만 한다.

▶ 도식화할 때 고려사항 (2)

직독성 (直讀性)	(1) 정합성→의미전달 (2) 명료성→구조화, 단순화 (3) 강조성→지시선과 키워드 이용

■□■ **Keyword Impact 3 — 표+그림**

답안지 한 장에 유사한 모양의 그림을 2개 이상 그리게 될 경우 주의가 필요하다.

다음 답안지와 같이 수력발전 방식에서 수로식과 저류식을 그림과 내용으로 각각 설명하는 것보다는 서로 비교될 수 있도록 표로 그림을 구분하는 것이 채점자 입장에서는 보기가 더 좋다.

번호체계도 2개 정도만 사용하여 단순하게 작성하는 것이 이해하기가 쉽다. 번호체계를 Ⅰ, 가, (1) 3개 이상으로 구분해야 한다면, 전체를 표로 구분하는 것이 보기도 좋고 채점자에게 내용을 전달하기도 쉬워진다.

종류는 다르나 그림이 유사할 경우 주의가 필요하다. 이럴 경우 그림을 정의할 수 있는 핵심어와 지시선을 이용하여 명확하게 구분해야만 그림을 그린 효과를 볼 수 있다.

▶ 그림을 종류별로 서술하는 경우

예비기술사들은 대부분 '그림+설명' 방식의 답안을 주로 작성한다.
내용은 같아도 표, 원어, 그림을 이용하여 차별화해야 상대적으로
높은 점수를 기대할 수 있다.

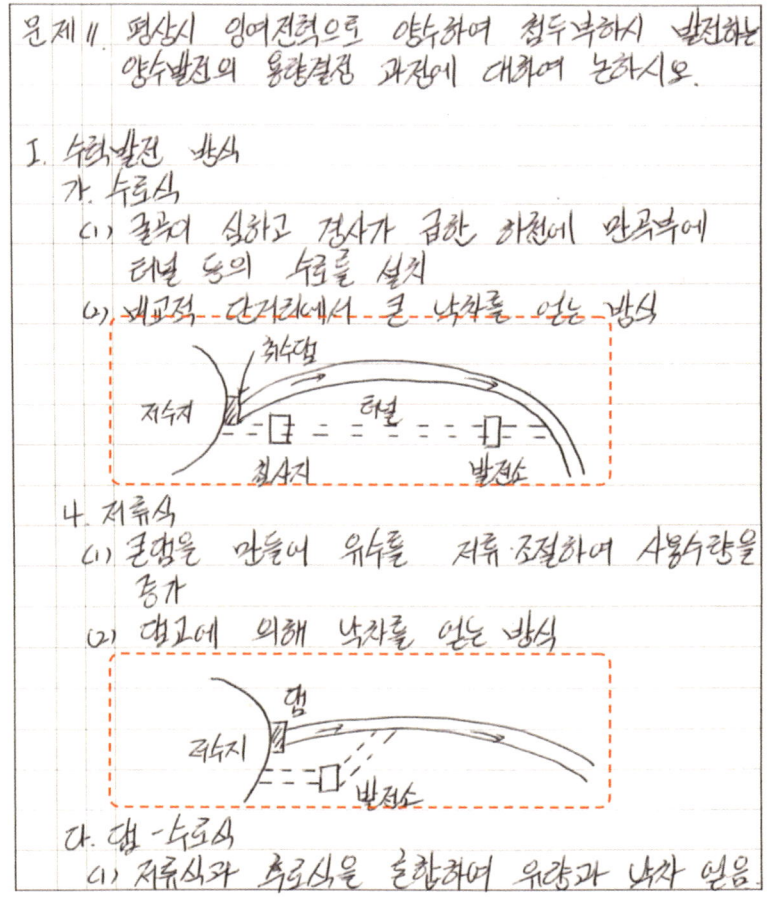

채점자를 위한다면 종류나 공법은 같은 페이지 같은 표에 나타내야 좋은 답안이 된다.

서술한 내용은 표로 나타내고 그림을 표 안에 삽입하면 형식별 비교가 쉬워진다.

아래 답안지에서 그림 좌측에 있는 필댐의 종류별 명칭이 위아래 여백을 가지고 있어서 가독성도 좋으며, 단면도 바로 옆에 있기 때문에 그림의 명칭을 바로 알 수 있다.

키워드는 필댐의 종류별 명칭인 균일형, Core형, Zone형과 단면도이며, 서술형+그림보다는 가독성이 뛰어난 것을 알 수 있다.

표와 그림을 합쳐서 표현하게 되면 페이지에 차지하는 비중이 커지므로 나머지 칸에 무엇을 적을 것인지 미리 전체적인 구성을 고민한 후 답안이 작성되어야 한다.

▶ 표와 그림을 합친 경우

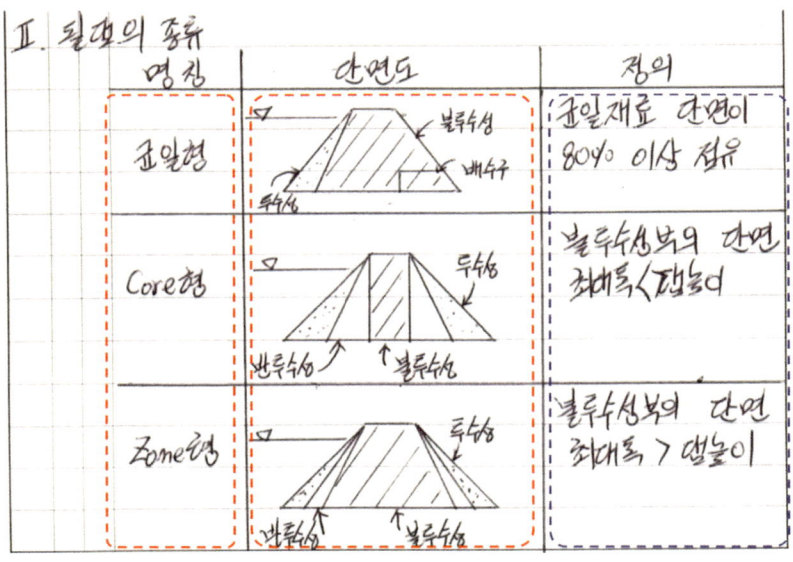

하나의 그림을 설명하는 경우에도 표로 구분하면 보기가 좋다.

아래 답안의 그림에는 단지 숫자만 표기하고 표에 해당 숫자가 위치한 곳의 명칭을 적었다. 이 답안에서 키워드는 숫자와 명칭이다.

그림에는 모래, 댐 등의 명칭을 추가로 기입할 수 있는 공간이 있으나 숫자를 눈에 띄게 하기 위해 표시하지 않았다.

굳이 글로 적지 않아도 채점자는 아래 그림을 보고 댐이나 모래임을 충분히 알 수 있을 것이다.

▶ 그림을 표로 구분한 경우

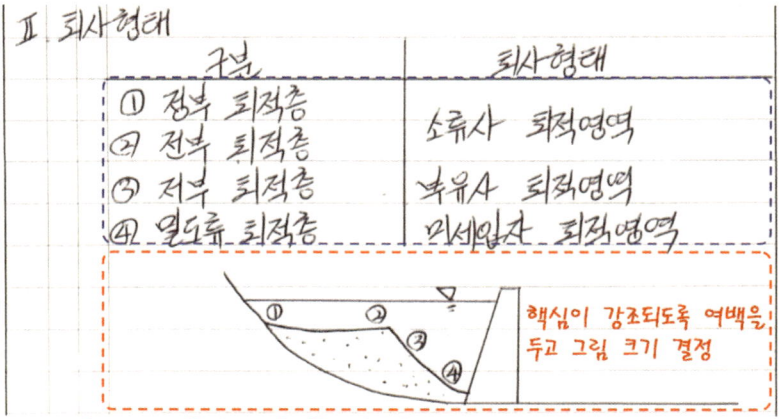

서너 개의 단어로 줄여서 적기가 곤란한 서술형의 문장은 개조식으로 줄여서 표 안에 삽입하도록 한다.

　이때에도 어떤 단어가 키워드인지 명확하게 눈에 들어오도록 표기되어야 한다. 표 안의 키워드와 그림이 서로 매칭이 되도록 그림 밑에 키워드를 다시 적어주어도 된다.

　아래 홍수 조절 장단점에서 보듯이 장점과 단점을 명확하게 구분하기 어렵거나 좋다, 나쁘다 등으로 밖에 장점과 단점을 표현하기가 곤란한 경우에는 장단점을 함께 적어주어도 무방하다.

　아래 답안의 그림과 표를 분리한 경우에서 키워드는 일정량 방류법, 일정률-일정량 방류법, 자동 방류법 3가지이다.

▶ 그림과 표를 분리한 경우

Ⅲ. 홍수조절 장단점

도의기법	장단점
일정량 방류법	1) 첨두유입량에서 방류하므로 홍수조절 용량을 최대한 활용 2) 효율적인 방법이지만 정확한 유입 수문곡선 예측이 곤란
일정율-일정량 방류법	1) 첨두유입량 까지는 일정율로, 그이후 일정량으로 조절 2) 홍수조절용량을 최대한 활용 3) 설계단계에서 많이 이용
자동 방류법	1) 목표수위 도달시 방류 2) 가장 간단한 운영방법 3) 홍수시는 용이하나 방류량이 커서 하류피해 가중

되도록이면 칸의 높이를 같게 한다.

a. 일정율 방류 b. 일정량 방류 c. 일정율-일정량

표와 그림의 키워드가 모두 한글로 되어 있어
표와 그림을 매칭하여 보기 쉽다.

■□■ Keyword Impact 4 — 한글+원어

답안지 작성 유의사항에 보면 전문용어의 원어 사용을 인정하고 있다.

답안을 작성할 때 문장이나 표, 그림 속에서 키워드임을 알리는 가장 좋은 방법은 바로 원어와 함께 명기하는 것이다.

▶ 원어 사용에 관한 사항

6. 답안작성 시 홈(구멍)이나 도형 등 그림이 없는 직선자(템플릿 사용금지) 만 사용할 수 있으며, 지정도구 외의 자 를 사용할 시에는 불이익을 받을 수도 있습니다.
7. 문제의 순서에 관계없이 답안을 작성하여도 되나 주어진 문제번호와 문제를 기재한 후 답안을 작성하고 전문용어는 원어로 기재하여도 무방합니다.
8. 요구한 문제수 보다 많은 문제를 답하는 경우 기재 순으로 요구한 문제수 까지 채점하고 나머지 문제는 채점대상에서 제외됩니다.
9. 답안 작성시 답안지 양면의 페이지 순으로 작성하시기 바랍니다.
10. 기 작성한 문항 전체를 삭제하고자 할 경우 반드시 해당 문항의 답안 전체에 대하여 명확하게 X표시 (X표시 한 답안은 채점대상에서 제외) 하시기 바랍니다.

▶ 원어를 직접 사용

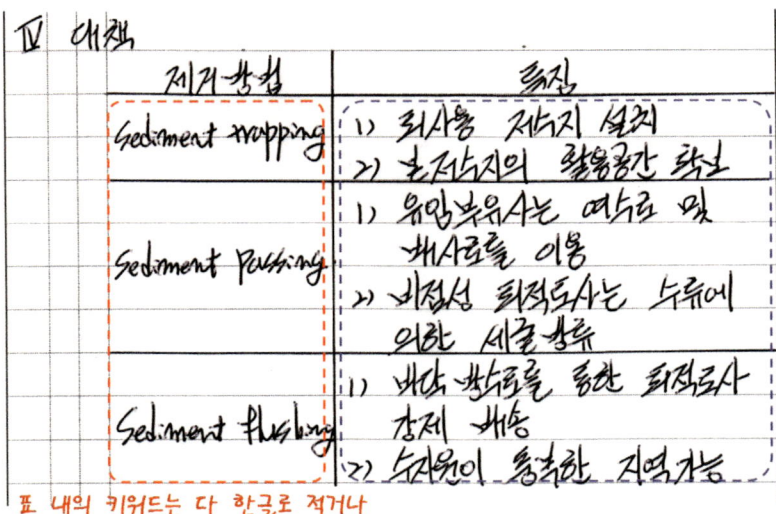

표 내의 키워드는 다 한글로 적거나
다 원어로 적는 것이 일관성 있어 보인다.

경우에 따라서는 우리말이 없는 경우 원어로만 작성할 수밖에 없지만 우리말이 있는 경우 원어와 함께 쓰면 원어만 적거나 우리말만 적은 경우보다 키워드가 더 돋보이는 효과가 있다.

또한, 원어를 적절히 사용하면 채점자에게 답안 작성자를 전문가로 인식시켜주는 효과도 기대할 수 있다.

▶ 원어(原語) [명사]
번역하거나 고친 말의 본디 말

▶ 그림과 문장 속에 원어를 사용하는 경우

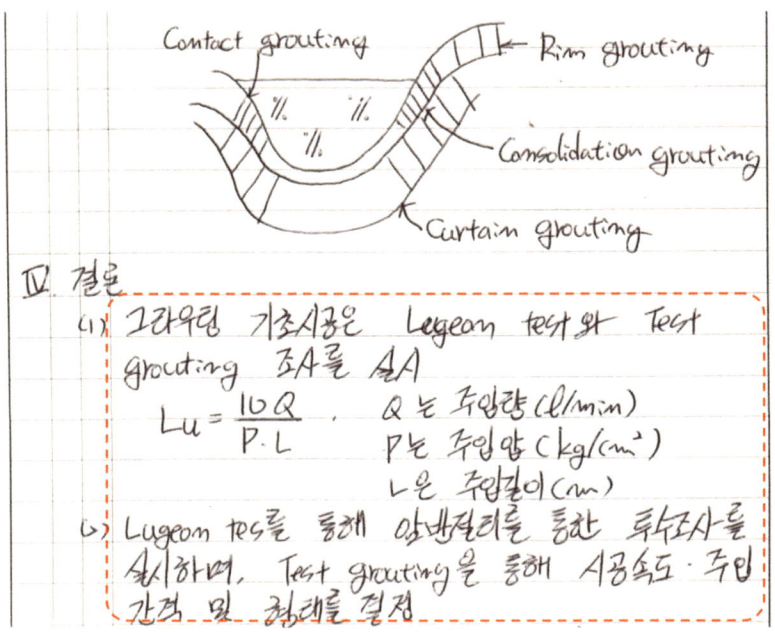

답안을 결론으로 마무리 하지 않아도 된다. 결론은 다음 장에서 새로운 문제를 시작하기 위해 답안지를 채워야 할 경우 적어 주면 된다.

개조식 문장에서는 답안의 구성을 조절하는 데 사용할 수도 있다.

아래 답안에서 보듯이 (2)의 유출곡선지수는 원어(Curve Number)로만 표기했지만, (3)의 선행토양함수조건은 우리말과 원어를 함께 사용함으로써 개요 부분의 내용이 한 줄 더 늘어났다. 원어를 사용하면 글자 수를 조절하는 것이 가능하기 때문에 대제목별로 칸을 할당하거나 표를 채우는 데 도움이 된다.

▶ 서술어에 우리말과 원어를 함께 쓴 경우

> I. 개요 적절한 원어 사용은 답안작성자를 전문가로 보이게 하는 효과가 있다.
> (1) 외계측유역의 직접유출량을 산정하는 방법
> (2) 유역의 토양특성과 피복상태를 고려하여 Curve Number(CN)를 부여함으로써 직접유출량 계산
> (3) SCS방법은 선행 5일 강우량의 크기에 따라 선행토양함수조건(Antecedent Soil Moisture Condition)을 산정하여 적용

▶ 표 안에서 우리말과 원어를 함께 쓴 경우

> III. 가뭄심도 평가방법
>
> | 구분 | 특징 |
> |---|---|
> | Palmer 가뭄지수 (PDSI) | 1) Palmer Drought Severy Index
2) 기상학적 가뭄지수
3) 강우량·기온·유효수분량 |
> | 표준 강수지수 (SPI) | 1) Standard Precipitation Index
2) 강수량만 이용 |
> | 지표수 공급지수 (SWSI) | 1) Surface Water Supply Index
2) 강수량·융설량·지표수 |
>
> 원문과 분리하여 이니셜만 적는 것도 하나의 방법이다.

■□■ Keyword Impact 5 — 순서도(flow chart)

건축시공기술사, 토목시공기술사 및 정보관리기술사 등의 종목은 순서도가 답안 작성에서 차지하는 비중이 비교적 큰 편이다.

▶ flow chart, flow diagram [명사]
  순서도, 플로 차트, 업무 흐름(절차)도

순서도는 복잡한 과정을 단계화하여 상호간의 관계를 알기 쉽게 나타낼 수 있기 때문에 실무뿐만 아니라 기술사 시험에서도 활용도가 높아 많이 사용하고 있다. 순서도를 그리는 방법은 일반적으로 왼쪽에서 오른쪽으로 또는 위에서 아래로 작성한다. 기술사 시험에서는 답안지 모양이나 글자 크기 등을 고려할 때 왼쪽에서 오른쪽으로 작성하기보다는 위에서 아래 방향으로 그리는 순서도가 단어를 배치하기 좋다.

전자 또는 정보 관련 분야에서 순서도는 특정 기호나 도형을 사용하고 있기 때문에 자를 이용하지 않고 손만 사용해서는 알맞은 모양을 그리기가 쉽지 않다. 그래서 순서도를 많이 그리는 종목에서는 아크릴판에 특정 기호나 도형을 미리 제작하여 사용해 왔으며, 이것이 만능자로 불리던 탬플릿이다.

그러나 2010년부터는 순서도 작성에 요긴하게 사용되었던 탬플릿 자를 사용할 수 없기 때문에 이에 대처할 대안이 필요한 실정이다. 시험 시 사용이 가능한 일반 직선 자로는 원하는 모양의 순서도 기호를 모양 좋게 그리기가 쉽지 않을 뿐 아니라, 소요되는 시간 또한 만만찮기 때문이다.

그러므로 순서도에 사용되는 기호나 도형을 그리는 연습을 많이 하거나 그리지 않고 나타낼 수 있는 방법을 찾아보아야 한다.

일반적인 업무절차 순서도는 특정 기호나 도형을 사용하지 않고 네모난 도형 안에 필요한 단어를 적고 화살표로 표시하는 정도로 작성하게 된다. 답안지에 이러한 순서도를 그릴 때는 글자 수에 따라 도형을 그릴 것인지 말 것인지 판단이 필요하다. 순서도를 그리는 연습이 충분히 되어 있지 않다면 오히려 조잡해 보이는 역효과가 발생할 수도 있다.

도형의 모양이 특정 의미를 가지는 경우 외에 일반적인 업무절차 순서도를 그릴 때는 굳이 도형 안에 글자를 적어 넣으려고 하지 않아도 된다. 단어 간의 화살표만으로도 충분한 효과를 볼 수 있다. 물론, 여기에도 몇 가지 팁이 있다.

아래의 상하 나열방식 단순 순서도는 도형을 그리지 않고 글자와 화살표만으로 순서도를 표시하는 경우로 여백이 많이 남아 답안이 성의 없게 보일 수 있으며, 어떤 단어가 키워드인지도 불분명하게 표현되어 있다.

▶ 상하 나열방식 단순 순서도

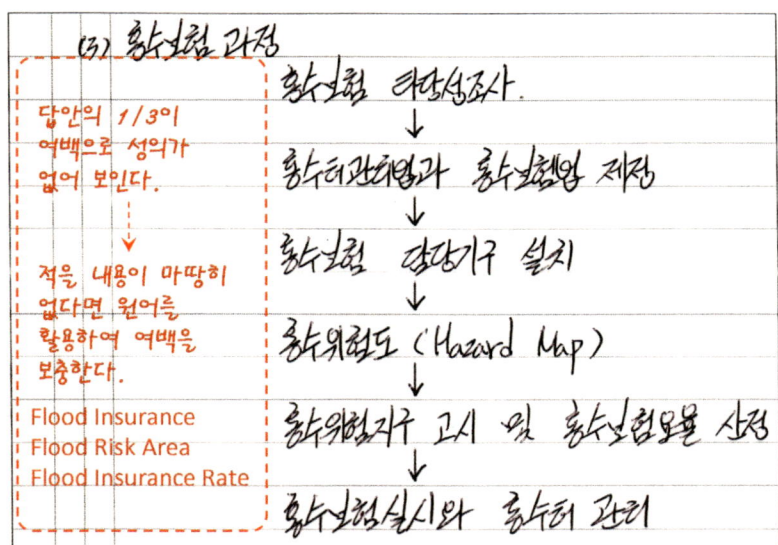

아래 그림처럼 좌우로 나누어 두 줄로 나열하는 방식의 순서도는 한 줄로 나열하여 작성한 순서도보다 공백도 크지 않고 배열된 구도도 괜찮은 편이다.

이렇게 좌우가 대칭되는 형태로 순서도를 그리기 위해서는 상하좌우 글자 배열이 비슷해야만 한다. 답안지에서 순서도가 차지하게 되는 공간을 고려하여 순서도의 구도와 줄 수를 결정하며, 좌우 두 줄의 간격유지는 명사형 단어들과 결합하여 글자 수를 조절하면 된다.

순서도는 키워드가 나열된 그림이므로 너무 많은 키워드가 사용되어 어느 것이 키워드인지 구분하기가 어렵다. 이럴 경우 순서도에 사용된 키워드나 순서도 자체가 키워드로서의 가치를 못할 수도 있다.

어느 것 하나 중요하지 않은 것이 없겠지만 키워드를 나타내고자 할 때는 선택과 집중이 필요하다. 그중에서도 중요하다고 생각되는 한두 개 정도의 단어는 키워드임을 표시해주어야 한다.

▶ 상하좌우 나열방식 순서도

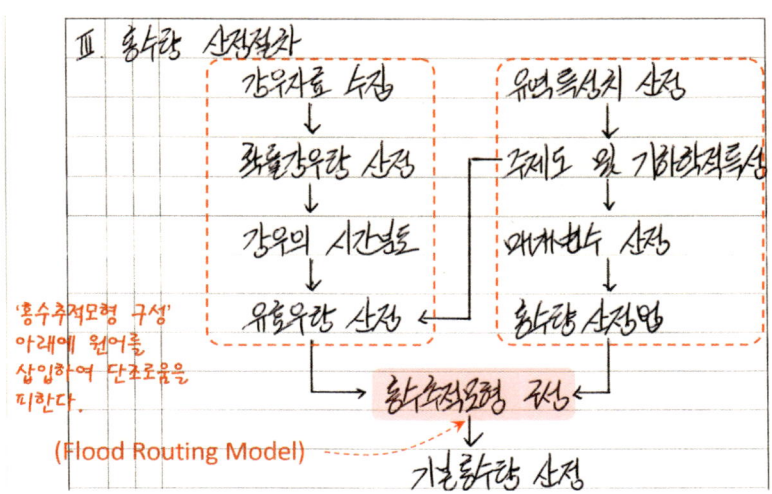

아래 답안은 상하좌우 나열방식으로서, 키워드로 사용하고 싶은 글자에 보조단어를 추가한 순서도이다.

이와 같은 순서도를 그릴 때는 중앙보다는 왼쪽이나 오른쪽으로 배치하여 키워드로 지명한 단어를 부연 설명해주는 것이 바람직하다.

이 방법처럼 한 줄로 작성되는 단순 순서도 또한 키워드에 보조단어를 추가하면 모양이나 내용이 훨씬 좋아질 것이다.

보조단어는 키워드를 알리고 설명하는 정도로만 표시되어야 하므로 너무 부각시키지 않는 편이 바람직하다.

순서도가 한글로만 작성되는 것보다는 키워드가 될 만한 주요한 단어 한 두 개 정도는 원어와 같이 명기하는 것이 효과가 더 크게 발생한다.

▶ 상하좌우 나열방식에 보조단어를 추가한 순서도

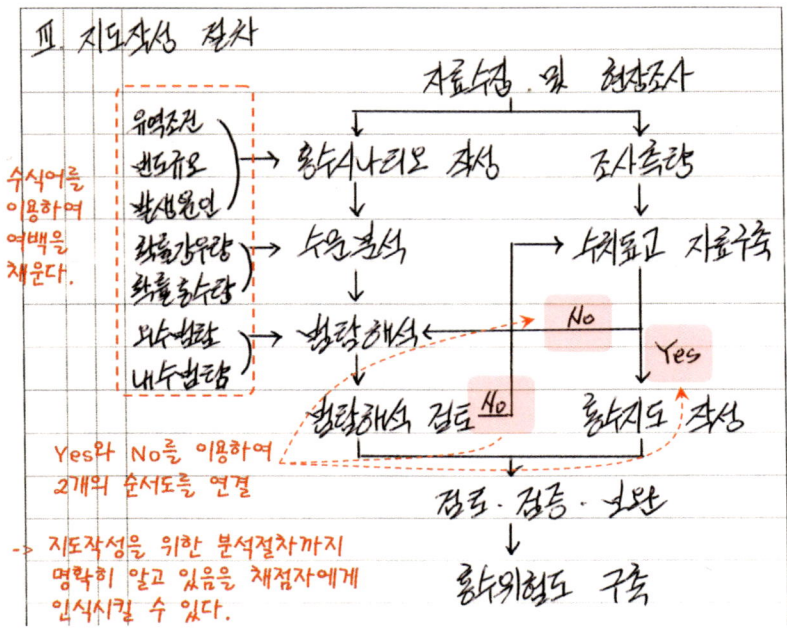

■□■ Keyword Impact 6 — 공식, 방정식

답안에서 그림과 순서도 외에 키워드로 활용할 가치가 있는 것이 공식 또는 방정식이다.

▶ 공식(公式) [명사]
〈수학〉 계산의 법칙 따위를 문자와 기호로 나타낸 식

▶ 방정식(方程式) [명사]
〈수학〉 equation. 어떤 문자가 특정한 값을 취할 때에만 성립하는 등식

공식이나 방정식은 상황이나 문제를 해결하기 위한 기본 바탕에 해당한다. 여기에 유도과정을 함께 간단하게 표시하면 그 기본기는 더 탄탄해 보인다.

기술사 시험문제에서 설계, 제작, 시공 등과 관련된 사항에 대한 '논하라', '설명하라' 식의 실무적인 문제는 공식만 적어도 충분하며, 계산문제는 풀이과정에서 자연스럽게 공식이 활용되기 때문에 답안지를 차별화하려면 공식의 유도과정을 함께 적어주는 것이 좋다.

실무적인 문제에 활용할 공식들은 서브노트를 작성할 때 미리 정리해두어야 답안 작성 연습 시 활용하기가 쉽다.

답안지에서 공식이나 공식을 유도하는 과정에 할당할 수 있는 공간은 한정되어 있다. 전체적인 답안의 구성을 고려한다면 서브노트에 공식을 유도하는 과정 중에서 핵심적인 내용을 미리 표시해두어야 편하게 활용할 수 있다.

공식을 적을 때는 여유 있게 두 줄에 걸쳐 적는 것이 보기가 좋으며, 공간이나 여백이 많을 경우 그림이나 간단한 설명을 함께 써도 된다.

표로 구분하는 것이 보기가 좋지만, 어려울 경우 개조식 문장과 함께 공식을 적어도 괜찮다.

▶ 개조식(個條式) [명사]

글을 쓸 때, 앞에 번호를 붙여 가며 짧게 끊어서 중요한 요점이나 단어를 나열하는 방식

아래 '개조식 문장+공식형태'는 최대허용유속법에 대한 설계절차를 설명할 때 답안의 구성을 고려하여 두 가지 공식을 3단계로 구분하여 서술한 예이다.

▶ 개조식 문장+공식 형태

Ⅲ. 설계절차
　가. 최대허용유속법　　키워드(공식)는 눈에 잘 띄게 배치하는 것이 중요
　　　　　　　　　　　　-> 좌우 여백은 30~50% 정도면 적절하다.
　(1) 유량 Q와 표에서 최대허용유속 V_p와 조도계수 n을 결정

$$A = \frac{Q}{V_p} = f_1(T, 등)$$

　(2) 수로단면형과 경사 S_0 및 조도계수 n을 선정하여 Manning 공식에 적용

$$R = \left(\frac{nV_p}{S_0^{1/2}}\right)^{3/2} = f_2(T, 등)$$

　(3) $A = f_1(T, 등)$와 $R = f_2(T, 등)$를 변형하여 설계단면의 폭과 수심 결정

답안의 구도를 고려한다면 경우에 따라 2단계 또는 4단계로도 구분할 수 있어야 한다. 서술하는 내용의 아래에 두세 줄 정도의 공백이 남게 되면 다른 내용으로 채우기도 마땅치 않으며, 내용을 채우고 뒷장으로 넘어가게 되면 채점자가 보기가 불편해지므로 주의해야 한다.

공식과 함께 그림을 그려주는 것도 하나의 방법이다.

아래 사각도수식에 대한 기본이론을 답안지 13줄에 개조식 문장과 그림, 공식을 사용하여 서술하였다. 답안지가 22줄이므로 절반 정도를 차지하고 있다.

번호체계는 중번호를 사용하지 않고 대번호와 소번호만 사용하였다. 사각도수의 원어는 oblique hydraulic jump이나 그림과 식만으로 키워드를 표현하고자 했기 때문에 원어는 같이 쓰지 않았다.

▶ 그림+공식 형태

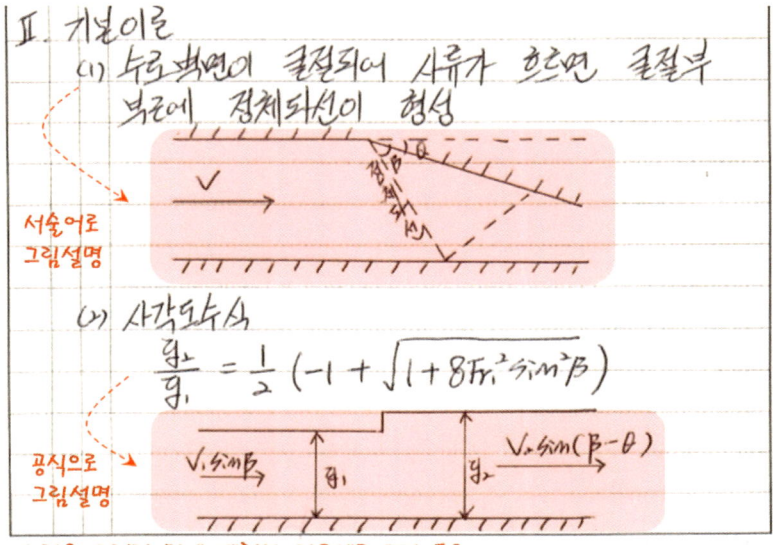

아래의 미분방정식은 수리학적 홍수추적 모델의 종류를 분류한 것이다. 초기상태 및 경계조건에 따라 다른 답이 나오는 경우로, 함수로 표현된 미분방정식이 키워드라고 하기보다는 홍수추적모델의 종류가 키워드에 해당한다.

개조식 문장이나 표를 이용하여 Dynamic wave, Diffusion wave, Kinematic wave를 나타내지 않고 하나의 공식범위 안에서 화살표를 이용하여 알아보기 쉽게 표시하였다.

아래에 적은 두 공식은 각각 다른 공식이 아니라 동일한 공식이다. 이러한 표기를 통하여 답안 작성자가 공식의 유도과정을 이해하고 있다는 것을 채점자에게 어필하고 서로 다른 의미의 키워드들을 분류하여 강조하는 효과를 얻을 수 있다.

번호체계는 대제목 번호만 사용하였으며 공식을 두 번 적지 않았다면 맨 아래 2줄을 채워야 할 내용이 필요했을 것이다.

▶ 공식+키워드 형태

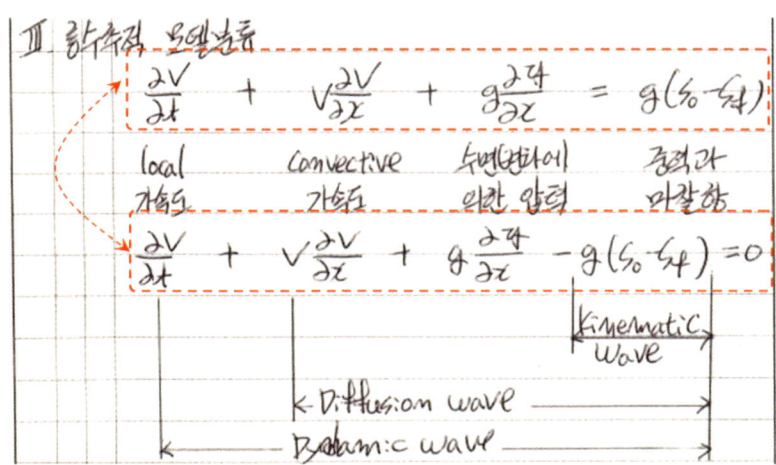

13 암기방법

13.1 머리와 몸으로 함께 기억하자

　기술사 시험은 '암기가 아니라 이해' 라고 하지만 암기하지 않고 이해하는 것은 지속성이 약하고 순간적인 경우가 많다. 암기하면서 계속 반복해야 나중에 저절로 이해된다.
　탄탄한 기본기는 암기에서 비롯된다. 참고서적의 개념이나 기본원리 등이 서술된 기본서를 공부할 때 제일 먼저 해야 하는 것은 공식과 원리를 소개하는 부분을 암기해야 한다는 것이다.
　암기가 어려운 이유는 뇌의 활동이 능동적으로 움직이는 것이 아니라 피동적으로 움직이기 때문이다. 여러 번 반복되는 습관처럼 자연스럽게 머리와 몸이 함께 기억하여야 하는데 머리만 기억하라고 하니 자꾸 잊어버리게 되는 것이다.
　암기력을 키우는 가장 좋은 방법은 몸과 함께 기억하는 것이다.

▶ 암기력과 기억력

암기력(暗記力)	기억력(記憶力)
외워 잊어버리지 않는 힘	이전의 인상이나 경험을 의식 속에 간직해두는 능력

'몸이 기억한다'는 말은 스포츠 분야에서 많은 예를 찾을 수 있다. 영어로 'Muscle Memory'라고 하는 이 '근육기억'은 근육이 똑같은 일을 여러 번 반복하게 되면 생기는 몸의 기억을 말한다.

농구의 슛이나 골프의 스윙과 같이 지속적으로 연습을 반복하면 그 동작을 기억하게 된다. 그러나 이러한 기억은 뇌가 담당하는 것이 아니라 근육이 맡게 된다.

이것은 스포츠에만 국한된 것이 아니다. 피아노곡을 계속 연습하다 보면 익숙해져서 나중에는 쉽게 칠 수 있게 되는 것도 손가락이 기억하고 있기 때문이다.

▶ muscle memory

> The physiological adaptation of the body to repetition of a specific physical activity, resulting in increased neuromuscular control when performing that activity again.
> (특정 신체 활동의 반복적인 신체의 생리적 적응 증가, 신경 근육 제어 때 다시 그 활동을 수행하는 결과)

출처: Wiktionary: a wiki-based Open content dictionary

암기를 잘하기 위해서는 이러한 muscle memory 효과를 활용하여야 한다. 단지 눈으로만 암기하려 들지 말고 우리의 오감이 기억하도록 만들면 된다.

보고, 듣고, 말하고, 쓰기를 반복해서 외워야 한다. 나만의 노트를 만들고, 답안 작성방법을 연습하고, 키워드도 골라야 하는데 언제 암기를 할 수 있을까? 암기하는 시간은 따로 있다. 일하고, 공부하고, 식사를 하거나 잠을 자는 등의 시간을 제외한 나머지 시간이 암기하는 시간이다.

출·퇴근시간, 화장실 가는 시간, 산책하는 시간, 잠들기 전 등 자투리 시간을 잘 활용하면 공부시간과 별도로 충분한 암기시간을 가질 수 있으며, 책상에 앉아서 외우는 것보다 의외로 암기가 더 잘된다.

⓭.❷ 효과 만점인 암기도구들

■□■ 휴대용 수첩

암기에 편리한 도구들은 휴대가 간편하고, 어디서든 자유롭게 보고 쓸 수 있어야 한다. 가장 많이 사용하는 암기도구는 역시 수첩이다.

손바닥에 들어올 만한 작은 크기의 수첩이 필요하다. 작은 수첩에 정리하면 어디든 들고 다니며 볼 수 있다. 또한, 쉽게 메모도 가능하다.

휴대용 수첩에는 너무 많은 내용을 적어놓기보다는 암기할 내용 요약 또는 약간의 메모를 위한 도구 정도로 사용하는 것이 효율적이다. 서브노트나 연습답안에 정리해도 잘 외워지지 않는 것들만 모아서 정리한다. 자질구레한 설명보다는 안 외워지는 부분만 모아서 적어두자.

수첩 사이에 작은 펜을 끼워두면 시험과 관련된 이슈나 정보, 답안 작성에 활용 가능한 그림이나 표 등을 접했을 때 바로 적을 수도 있다.

▶ 휴대용 수첩과 볼펜

■□■ 포스트잇(Post-it)

현재 많은 사람들이 애용하고 있는 이 작은 메모지의 가장 큰 장점은 사용하고 나서 떼었을 때 아무런 흔적도 남기지 않는다는 점이다.

역시 잘 안 외워지는 단어나 키워드를 외울 때 도움이 된다. 포스트잇은 떼었다 붙였다 하기가 편하므로 노트에 붙였다가 다시 책상 앞에 붙이거나 하는 이동이 편하다.

앞에는 키워드만 뒤에는 설명을 붙이는 식으로 이중으로 붙여놓고 앞의 키워드만 보고 직접 말을 하면 더 잘 외워진다.

▶ 포스트잇 활용방법

중요 부분의 표시

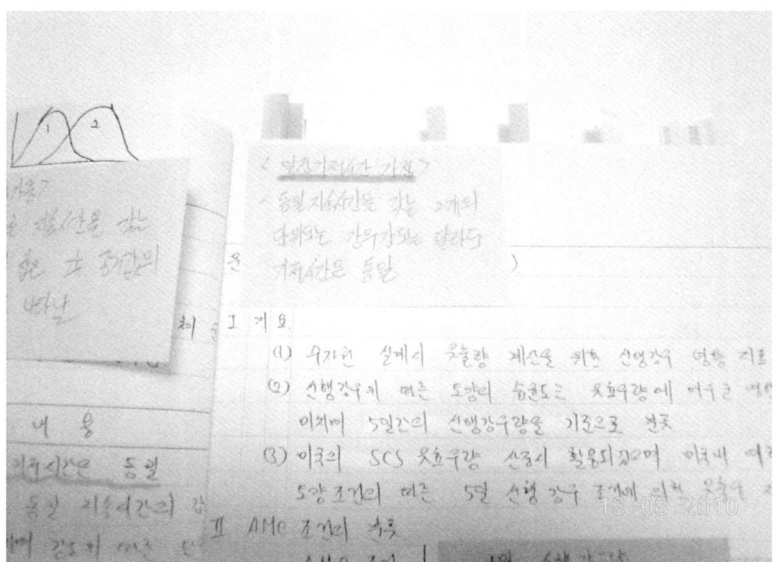

원하는 페이지를 찾을 때

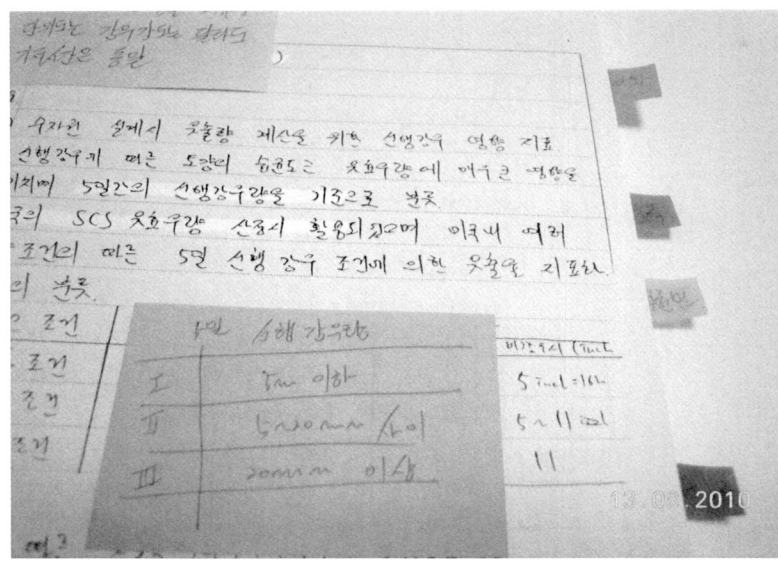

안 외워지는 키워드 정리

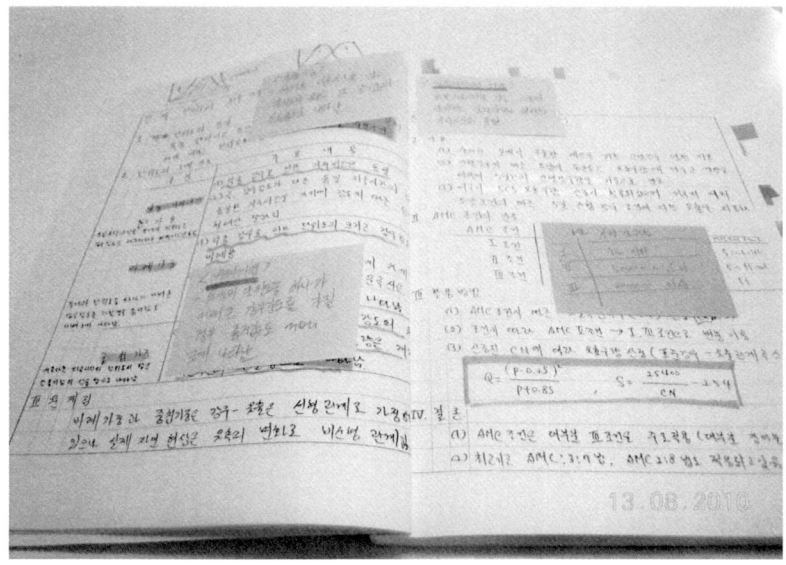

새로운 자료의 추가

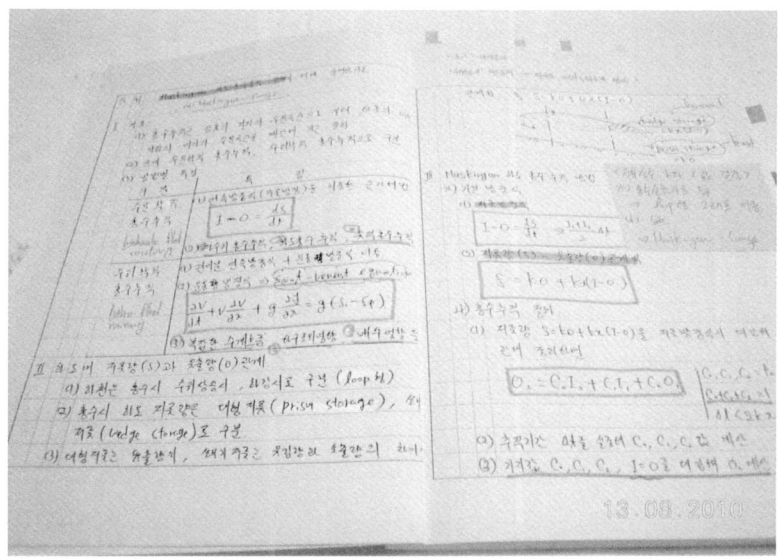

■□■ 축소 복사한 예비답안지

답안 작성방법 연습하기를 통하여 만들어진 A4 크기의 예비답안지를 50%로 축소 복사하면 1/4 크기로 줄어든다. 크기는 줄었지만 1.6mm 볼펜으로 크게 써놓았기 때문에 1/4로 축소된 크기에서도 글자는 생각보다 아주 잘 보인다.

축소 복사한 예비답안지는 전체를 한눈에 보는 효과가 크기 때문에 대제목의 순서나 표, 그림의 위치 등을 연상하는 데 도움이 된다.

A4 사이즈의 답안지와 달리 읽기 위해 움직여야 하는 눈의 이동거리가 짧기 때문에 답안지 내용이 줄어든 것 같은 착각을 하게 된다. 이러한 효과로 인해 암기해야 할 분량이 1/4까지는 아니지만 절반 정도는 줄어든 것처럼 느껴진다.

두께는 똑같지만 결과적으로는 부피가 줄어들었기 때문에 휴대하기가 쉽다. 시험이 얼마 남지 않았을 때에는 축소된 예비답안지를 출퇴근시간이나 출장 때 휴대하고 암기하는 것이 키워드뿐만 아니라 답안지의 구성 등도 함께 기억되므로 수첩보다 효과가 크다.

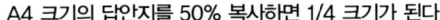 답안지 축소복사

A4 크기의 답안지를 50% 복사하면 1/4 크기가 된다

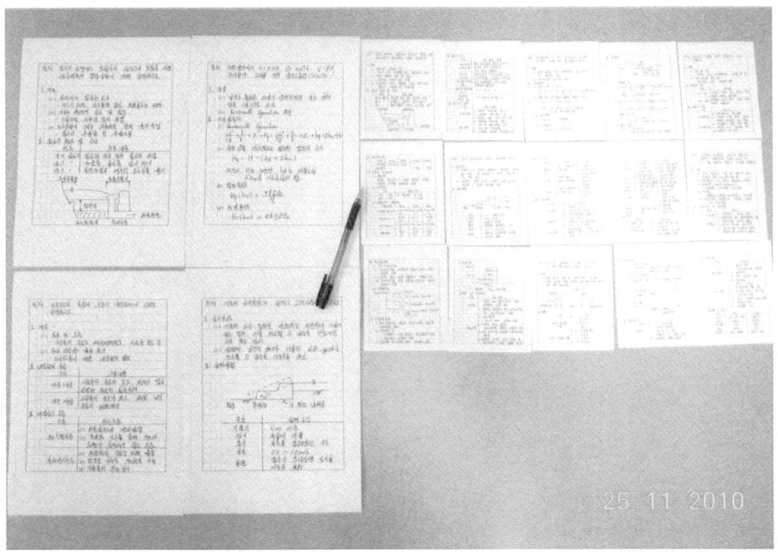

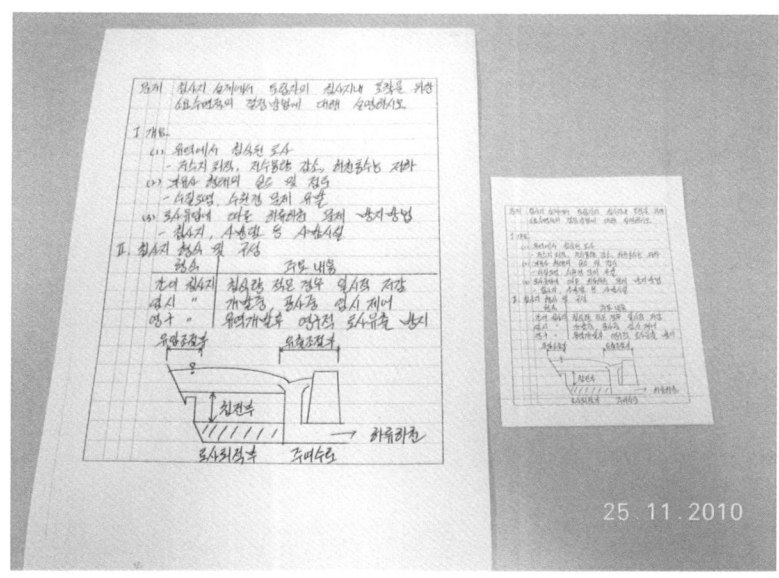

크기는 1/4로 작아졌지만, 글씨는 또렷하게 보인다

■□■ 시험자료 녹음 방법

음악 감상, 영어듣기 등에 많이 쓰는 MP3 플레이어나 휴대용 녹음기를 활용하는 방법이다. 동영상 보기나 DMB 기능이 있는 제품은 다소 고가의 제품들이 많지만, 음성인식과 구간반복 기능이 있는 저렴한 제품들도 있다.

우선 시험에 출제가 예상되는 내용을 요약한 다음 잘 모르는 내용을 중심으로 녹음하도록 한다. 중요한 부분이나 핵심 단어는 강조하거나 목소리를 변조하여 녹음하면 기억하기가 쉽다. 헷갈리는 부분이나 암기해야 할 내용은 그 부분만 몇 번이고 반복 녹음하면 반복적으로 듣게 되어 기억에 도움이 된다. 녹음하기 위해 읽으면서 듣고, 녹음된 자신의 목소리를 들으면서 말하기 연습을 함께하면 나중에 2차 면접시험에도 큰 도움이 된다.

▶ MP3플레이어(에누리닷컴 가격 비교)

상품사진	모델명	제조사	출시	용량	최저가	업체
	SMART HD K1 Wifi MP3플레이어/화면:3.5"컬러(480x320)/진동터치(갑압식)/동영상: H.264/HD급재생(720p)/인터넷:WiFi/무손실음원/인터넷강의/SR S-CS헤드폰(5.1채널)/FM수신(녹음)/음성녹음/동작인식/스피 커/메모리확장(최대32G)/음악:18시간,동영상:6시간/두께:1.27c m/부피:85cc	아이리버	'10 3월	8G	279,000원	2
			리뷰검색	게시판		
	X-ton Tiny MP3플레이어/화면:3.5"컬러/터치(갑압식)/동영상/무손실음원/ 인터넷강의/FM수신/음성녹음/스피커/메모리확장(최대16G)/음 악:6시간,동영상:3시간/두께:1.1cm/부피:67cc	X-ton	'10 3월	4G	69,800원	6
			리뷰검색	게시판		
	UBOX MP845 MP3플레이어/화면:3"컬러(400x240)/터치(갑압식)/동영상/FM수 신/음성녹음/동작인식/두께:1cm/부피:48cc	유박스	'10 3월	4G	198,000원	2
			리뷰검색	게시판		
	iVIDI MP3플레이어/화면:3.3"컬러AM-OLED(480x272)/터치(갑압식)/ 동영상:DivX,H.264/지상파DMB(예약녹화)/무손실음원/FM수신/ 음성녹음/동작인식/메모리확장/음악:55시간,동영상:11시간/TV연 결/두께:1.1cm/부피:71cc ◁» AM OLED 탑재 화려한 색감 자랑	인스모바일	'10 3월	8G	199,000원	45
				리뷰검색	게시판1	

■□■ 마인드맵

마인드맵이란 말 그대로 '생각의 지도'란 뜻이다. 자신의 생각을 지도 그리듯 이미지화해 사고력, 창의력, 기억력을 한 단계 높인다는 두뇌 개발 기법이다.

어떤 문제에 대하여 창조적으로 사고하고 있을 때, 시간이 흐르거나 연속적인 사고의 연상이 진행되면서 그 사고한 내용의 일부는 잃어버리게 되고 재생하기가 어렵게 된다. 마인드맵은 유기적으로 연결되는 일련의 생각을 훌륭하게 상기시켜준다.

▶ 마인드맵(mind map) [명사]

〈교육〉 마음속에 지도를 그리듯이 줄거리를 이해하며 정리하는 방법

마인드맵은 영국의 토니 부잔(Tony Buzan)이 1960년대 브리티시컬럼비아 대학 대학원을 다닐 때 두뇌의 특성을 고려해 만들어냈다. 그림과 상징물을 활용해 배우는 것이 더 효과적이라는 생각이 들어 마인드맵을 고안해 냈다고 한다.

학습법과 기억력뿐만 아니라 기업 업무능력 향상 등에도 효과가 있는 것으로 알려져 각국의 학교들뿐만 아니라 IBM, 골드만삭스, 보잉, GM 등 유수한 기업체들이 마인드맵 이론과 교재를 사원교육에 활용 중이다.

기록과 노트하는 습관은 인간두뇌의 종합적 사고를 가로막는 데 반해, 마인드맵은 이러한 장애를 극복할 수 있다고 주장하고 있다. 기술사 종목별로 전반적인 이해와 공종, 단계, 과정, 절차 등의 복잡한 과정을 이해하는 데 도움이 된다.

▶ 마인드맵 그리는 과정

1. 한가운데 제목을 크게 적는다.

2. 마인드맵에 정리할 내용을 확인한다.

3. 제목에서부터 가지를 쳐서 답안의 목차 부분을 적어준다.

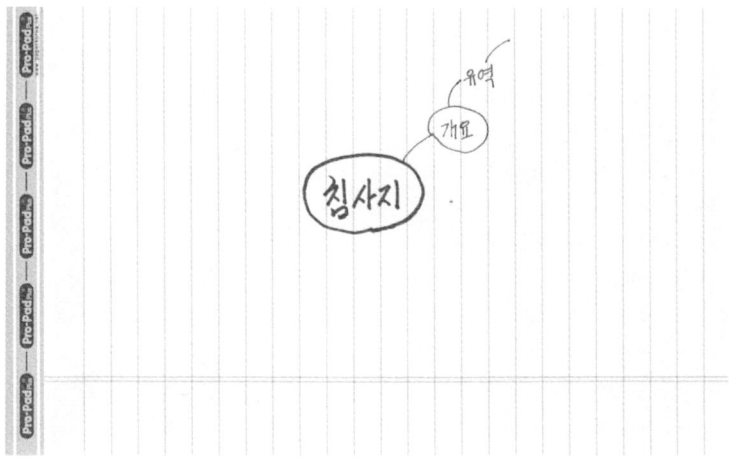

4. 다시 마인드맵에 정리할 내용 확인

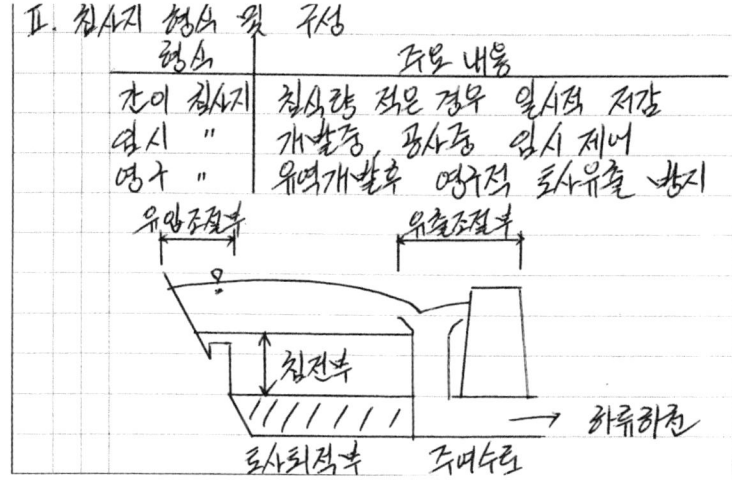

5. 제목에서 새로운 가지를 쳐서 중요한 내용을 또 기록한다.

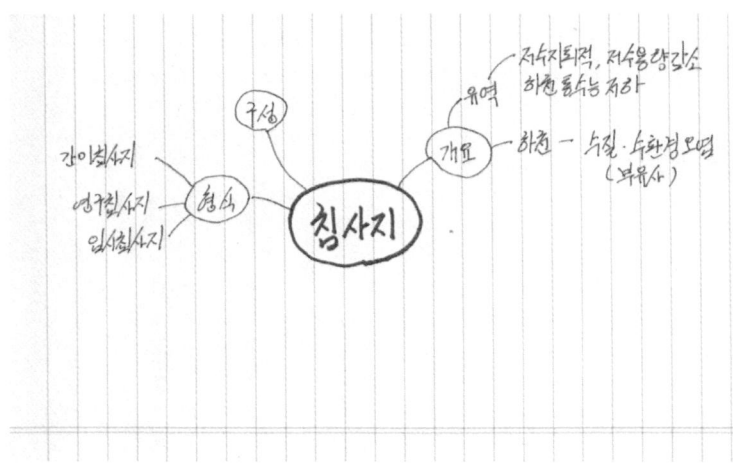

6. 목차별 내용끼리 또 다른 가지를 치면 된다.

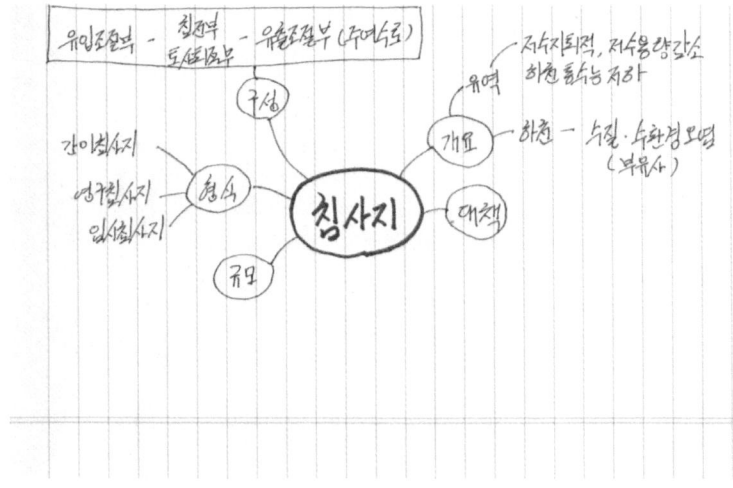

7. 순서가 필요한 내용은 번호를 매겨둔다.

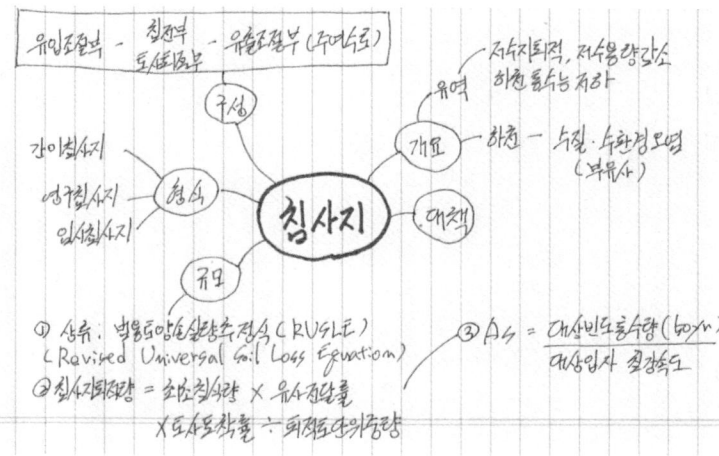

8. 용어정리가 필요할 경우 따로 빼내서 '꼭 보기', '시험문제' 등으로 새로운 가지를 친다.

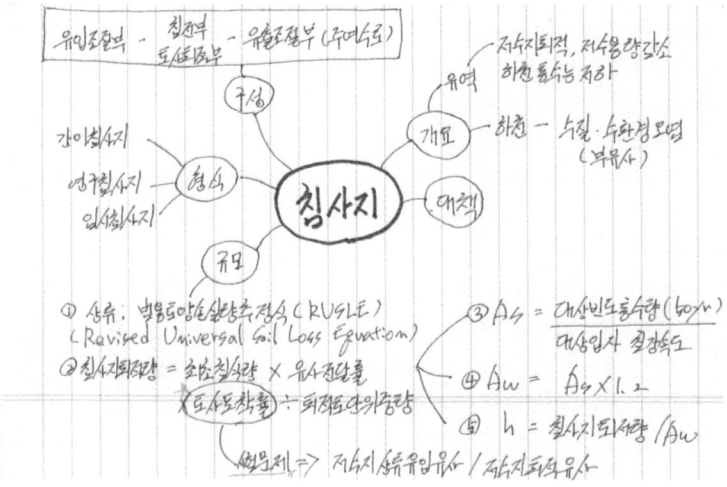

9. 목차번호와 상관없이 추가하여 알아둘 내용은 새로운 가지를 쳐서 적어준다.

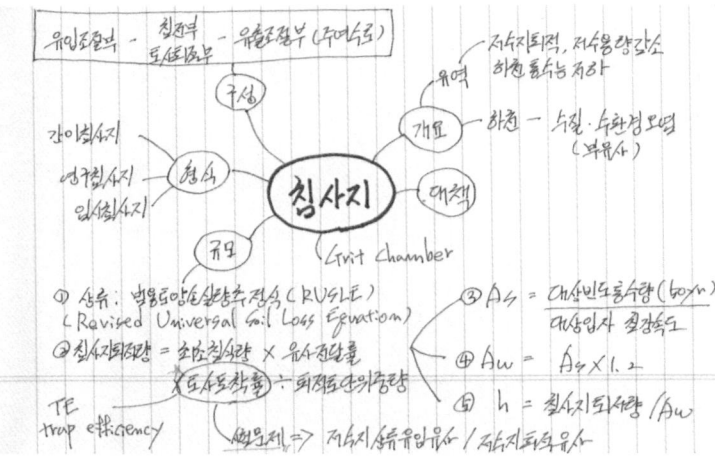

10. 중요한 keyword(핵심어)는 빨간색으로 표시해둔다.

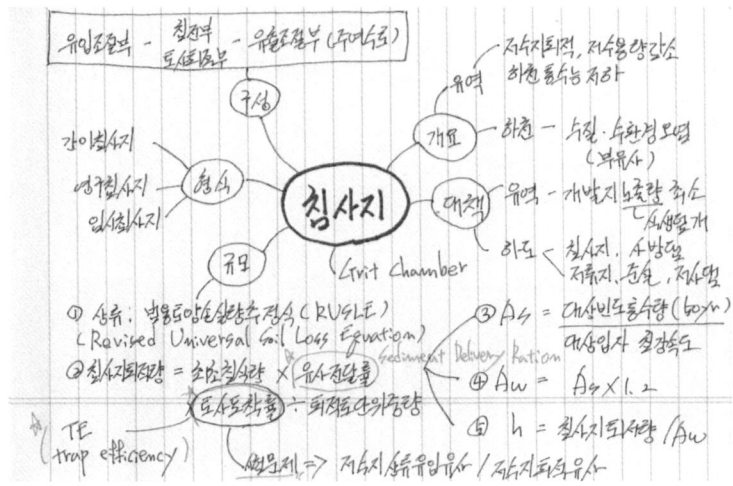

마인드맵 활용

어도설계(Design of Fishway)

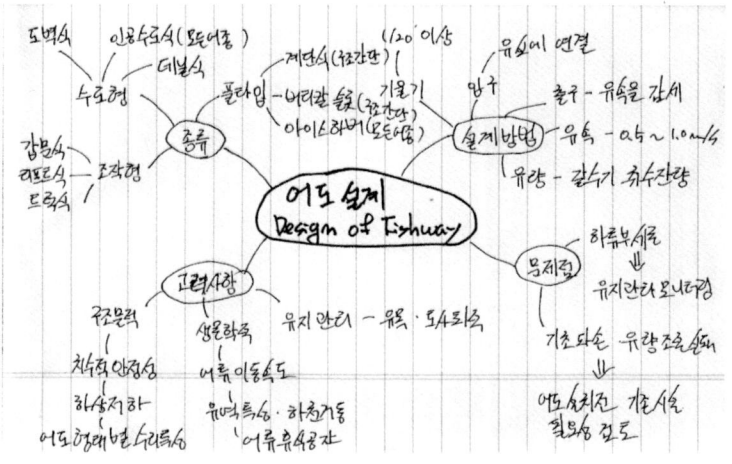

침사지

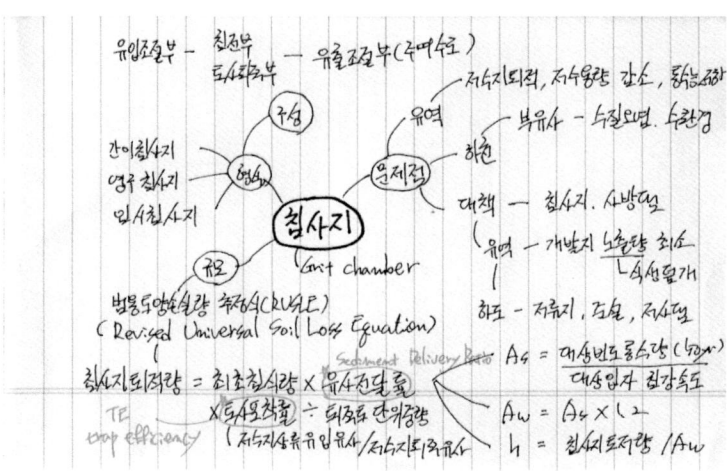

이수계획

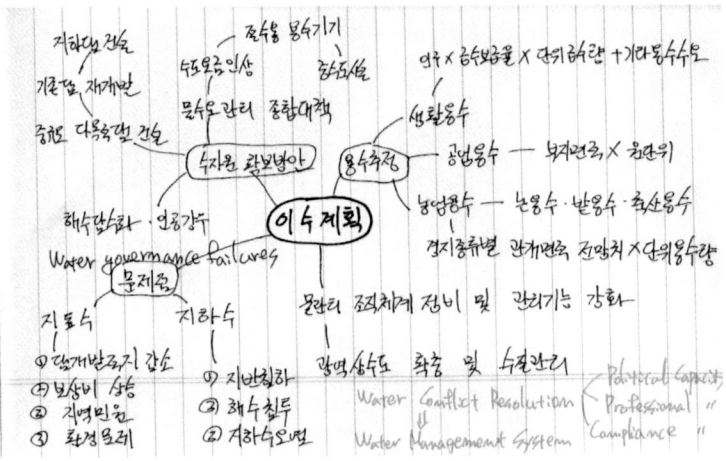

조압수조(Surge tank)

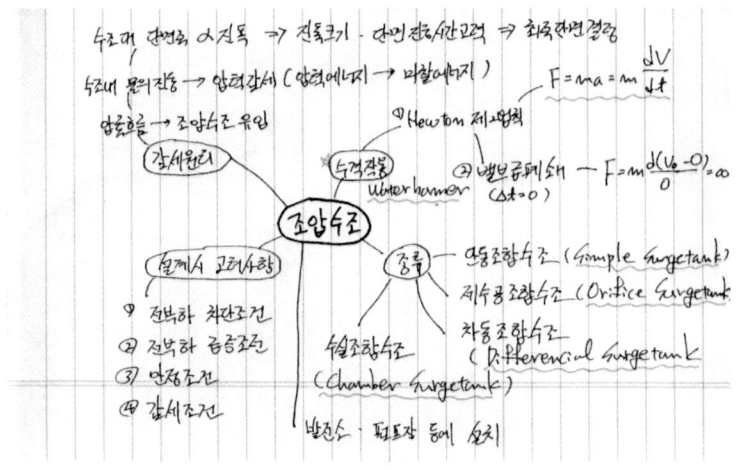

Clark 유역추적법

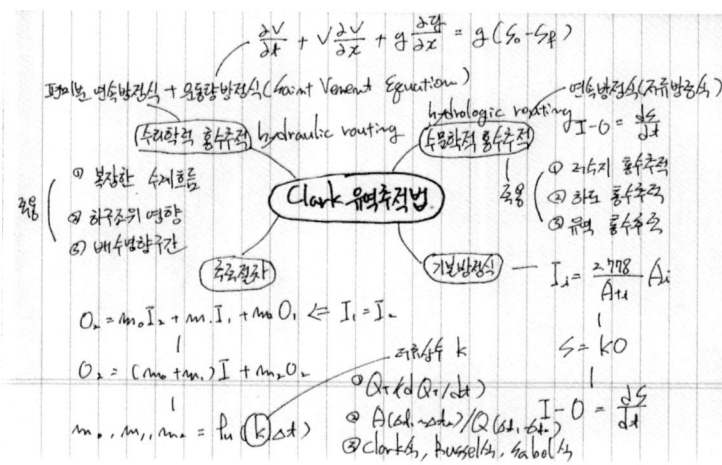

하구처리(하구폐색)

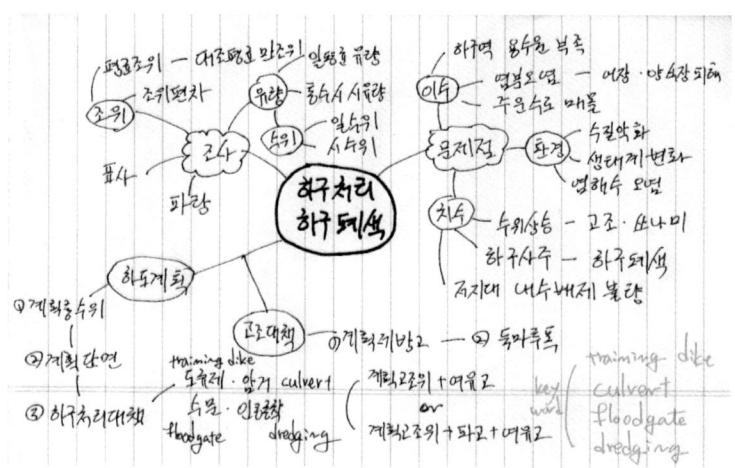

IV

시험 _ 試驗 _ Examination
「결전의 날 승리를 위하여」

overview
- 시험기간
- 시험장
- 준비물
- 시간관리
- 문제선택
- 컨디션 조절

14 시험기간 관리하기

14.1 시험 일주일 전

■□■ 기본개념 정리 및 반복 학습

시험 일주일 전부터는 새로운 것보다 알고 있는 것을 다시 공부하는 것이 더 중요하다.

일반적으로 시험을 앞둔 예비 기술사들은 내가 공부하지 않은 것, 모르는 것이 나오면 어떡하나 하는 불안감을 느끼곤 한다. 시험 점수를 잘 얻기 위해서도 그렇고, 시험의 의미가 나의 실력을 평가한다는 원론적인 면을 보더라도 시험을 앞두고 새로운 것을 외우는 것보다는 이미 공부한 내용을 확인하는 것이 더욱 효과적이다.

서브노트는 양이 방대하기 때문에 시험을 앞둔 시점에는 예비답안지 위주로 공부하는 것이 바람직하다.

시험 전까지 내가 공부한 것을 몇 번 보았는가 하는 점도 중요하다. 예비답안지의 내용이나 응용문제를 풀다 보면 이해가 안 가는 부분이 있을 수 있다. 이 부분들을 이해하고 넘어가겠다고 시간을 끌다 보면 전체 범위를 단 한 번만 보고 시험과 마주할 수도 있다. 이 방법보다는 이해가 잘 안 가는 부분은 표시해두고 넘어가는 방식으로 전체를 여러 번 훑어보는 것이 더 낫다.

시험이 임박하면 많은 정보가 두뇌에 입력되기 때문에 웬만큼 잘 이해하고 외운 내용도 잊어버리거나 헷갈릴 가능성이 높다. 이 기간 중의 가장 좋은 암기법은 반복이다. 시험에 임박해서는 짧은 시간 안에 얼마나 많은 내용을 습득하느냐가 중요하므로 시간의 효율적인 이용 측면에서도 '확실히 한 번' 보다 '대충이라도 여러 번' 보는 것이 좋다.

14.2 시험 전날

■□□ 시험에 임박한 공부계획

기술사 시험이 일요일에 치러지기 때문에 시험 전날인 토요일은 휴무일에 해당된다. 아침부터 서둘러 예비답안지를 보기 시작하면 다시 한 번 정도는 훑어볼 수 있을만한 시간이 된다.

예비답안지에 작성된 문제는 120~150개 정도이다. 예비답안지의 분량 또한 만만찮기 때문에 훑어보기만 해도 시간이 꽤 오래 소요된다.

시험 전날에는 시험 당일 아침이나 휴식시간 또는 점심시간에 볼 수 있도록 예비답안지에 형광펜으로 색칠을 하면서 공부한다.

문제마다 3장씩 답안지를 작성했으므로 총 페이지 수는 400~500장 정도가 될 것이다. 페이지당 서너 개의 키워드가 있다고 가정할 경우 대략 1,200~1,500개가 된다. 키워드만 읽고 페이지를 넘기는 데 필요한 시간을 5초로만 잡아도 2,000~2,500초, 55~70분 정도가 소요된다.

시험 당일 복습할 내용을 시험 전날 공부하면서 미리 표시를 해두어야 하는 이유이다.

시험 전날에는 잠을 설치는 경우가 많으므로 너무 늦지 않게 공부를 마무리하고 잠자리에 드는 편이 좋다. 그렇다고 너무 일찍 잠자리에 드는 것은 좋지 않다고 한다.

평소 잠자리에 들기 1시간 전을 수면의학에서는 '수면금지 시간대' 라고 한다. 이 시간에 잠이 드는 것이 가장 어렵다. 가령 평소 오후 10시에 잠들었다면 오후 9~10시가 수면금지 시간대가 된다.

따라서 시험 전날 앞당겨 잠을 청하는 것은 오히려 잠을 이루지 못하게 하는 원인이 되므로 시험 당일에 맞춰 2주 정도 전부터 수면시간을 조절하는 것이 좋다.

14.3 시험 당일

■□■ 키워드 위주로 훑어보기

인간의 뇌는 잠에서 깬 지 3시간이 지나야 최상의 컨디션을 갖게 된다. 첫 시험시간이 오전 9시라면 6시에 일어나야 뇌가 가장 활성화되어있는 시간부터 시험을 치른다는 것이다.

저녁형 인간은 밤늦게 공부하고 아침에 늦게 일어나는 데 익숙해져 있어서 막상 시험 때 최상의 컨디션으로 시험을 보지 못할 수 있다. 시험 며칠 전부터 생활 리듬을 조절하여 아침 6시에 기상하는 습관을 들이도록 해야 한다.

고시공부에서도 마찬가지다. 고시공부를 하는 사람들은 대개 조용한 밤에 공부하고 늦잠을 자는 생활 리듬을 가지지만, 시험 한 달 전부터는 아침 6시에 일어나는 생활 리듬으로 바꾸기 시작한다. 그 이유는 고시시험의 첫 시간도 아침 9시에 시작하기 때문이다.

시험 당일 아침에는 전날 예비답안지에 체크해둔 키워드를 문제와 함께 읽어보는 것도 좋다.

집과 시험장의 위치가 가까우면 집에서 읽어보고 여유 있게 출발해도 되겠지만, 집과 시험장이 다소 멀다면 일찍 움직이는 편이 좋다.

대부분 차를 가지고 오기 때문에 학교운동장을 주차장으로 사용하는 곳이 많다. 조금 늦게 도착하면 주차하느라 시간을 허비할 수도 있다.

1교시 이후 휴식시간이 20분 있고 2교시 이후 60분의 점심시간과 3교시 이후 20분의 휴식시간이 있다.

휴식시간은 화장실만 다녀오기에는 꽤 긴 시간이므로 동료들과 지나간 시험문제를 논의하는 것보다는 키워드 하나라도 더 기억할 수 있도록 잠깐의 시간에도 최선을 다하는 편이 낫다.

15 시험문제 대응방법

15.1 무엇을 버리고 무엇을 선택할 것인가?

■□■ 문제 선택 및 작성순서

단답형 서술식의 1교시는 13문제 중에서 10문제를 선택하여 답안을 작성하게 되며, 2교시 이후는 매 교시마다 6문제 중 4문제를 선택하여 풀게 된다. 매 교시마다 문제지를 받게 되면 선택한 문제의 번호 앞에 작성 순서를 미리 표시해두어야 한다. 문제를 풀 때마다 다음 문제를 고르기 위해 문제지를 반복해서 읽게 되는 시간낭비를 줄이기 위해서다.

▶ 문제의 순서에 관한 사항

> 5. 답안지에 답안과 관련없는 특수한 표시, 특정인임을 암시하는 답안은 0점 처리됩니다.
> 6. 답안작성 시 홈(구멍)이나 도형 등 그림이 없는 직선자(템플릿 사용금지) 만 사용할 수 있으며, 지정도구 외의 자 를 사용할 시에는 불이익을 받을 수도 있습니다.
> 7. 문제의 순서에 관계없이 답안을 작성하여도 되나 주어진 문제번호와 문제를 기재한 후 답안을 작성하고 전문용어는 원어로 기재하여도 무방합니다.
> 8. 요구한 문제수 보다 많은 문제를 답하는 경우 기재 순으로 요구한 문제수 까지 채점하고 나머지 문제는 채점대상에서 제외됩니다.
> 9. 답안 작성시 답안지 양면의 페이지 순으로 작성하시기 바랍니다.

선택한 문제는 굳이 출제번호 순서대로 풀 필요는 없다. 1번부터 4번까지 또는 선택문제의 번호 순서대로 푼다면 어느 정도 출제자에게 자신감을 어필할 수도 있을지도 모른다. 그러나 그보다는 본인이 가장 자신 있는 문제부터 작성하는 것이 좋다.

여기서 가장 자신 있는 문제란 잘 알고 있는 문제라기보다는 표, 그림, 키워드 등을 답안 구성에 맞게 확실하게 쓸 수 있는 문제를 말한다.

답안의 첫 문제, 첫 페이지는 채점자와 대면하는 첫인상과도 같기 때문에 가장 자신 있는 문제의 순서로 답안을 작성하여 나가는 것이 좋다.

1교시는 각 문제마다 1페이지씩 총 10페이지의 답안을 작성하며, 2교시 이후는 각 문제마다 2~3페이지씩 총 10~12페이지 정도를 작성하는 것이 좋다. 교시별 마지막 문제는 꼭 1페이지 또는 2~3페이지에 맞게 작성하지 않아도 된다. 페이지를 맞추기 어려운 계산문제나 모르는 문제를 마지막에 적도록 한다.

계산문제나 공식을 유도하는 문제와 같이 3페이지에 맞춰서 작성하기 어려운 문제를 선택하여 답안을 작성하기로 했다면 그 문제의 답안을 제일 마지막으로 작성하면 페이지에 구애받지 않고 편안하게 마무리할 수 있을 것이다.

답안 작성 시 유의사항

9. 답안 작성시 답안지 양면의 페이지 순으로 작성하시기 바랍니다.
10. 기 작성한 문항 전체를 삭제하고자 할 경우 반드시 해당 문항의 답안 전체에 대하여 명확하게 X표시 (X표시 한 답안은 채점대상에서 제외) 하시기 바랍니다.
11. 시험시간이 종료되면 즉시 답안작성을 멈추어야 하며, 종료시간 이후 계속 답안을 작성하거나 감독위원의 답안제출 지시에 불응할 때에는 채점대상에서 제외될 수 있습니다.
12. 각 문제의 답안작성이 끝나면 "끝"이라고 쓰고 다음 문제는 두 줄을 띄워 기재하여야 하며 최종 답안작성이 끝나면 그 다음 줄에 "이하여백"이라고 써야 합니다.
13. 비번호란은 기재하지 않습니다.

각 교시별 마지막 문제는 3페이지(1교시는 1페이지)를 넘겨서 그 다음 페이지를 다 못 채우고 중간쯤에서 마무리를 해도 상관이 없다. 다음 문제로 넘어가는 것이 아니기 때문에 마지막 페이지는 답안 구성에서 조금은 벗어나도 그다지 큰 영향을 미치지는 않는다. 마지막 문제를 작성하고 '이하 여백'이라고 적어주기만 하면 된다.

🔟.❷ 계산문제 대처방법

■□■ 계산문제의 점수에 대한 오해

　계산문제는 10점짜리 문제로 1교시에 출제되느냐 25점짜리로 출제되느냐에 따라 접근 방법이 다르다. 1교시 10점짜리 계산문제는 풀이과정과 정답만을 적으면 된다.

　2교시 이후 출제되는 계산문제에서 높은 점수를 기대하려면 풀이과정과 정답만을 적는 것으로는 충분하지 않다.

　여기서 우리는 계산문제의 점수에 대한 오해를 풀어야 한다. 서술형 주관식 문제와 마찬가지로 계산문제도 25점이 아니라 15점을 만점 기준이라고 생각해야 한다.

　계산문제는 풀이과정과 정답을 정확하게 적었다고 해서 25점을 다 받기가 어렵다. 반대로 계산문제를 틀렸다고 0점 처리되는 것도 아니다. 풀이과정이 맞으면 오답을 적었다 하여도 부분점수가 주어진다.

　건축구조기술사 또는 토목구조기술사 시험과 같이 거의 대부분의 문제가 계산문제인 종목에서 회마다 합격률이 크게 변하지 않는다는 점에서도 짐작해볼 수 있다.

　단순히 풀이과정과 정답을 적어 100점을 받는다면 3문제만 맞혀도 75점을 획득할 수 있기 때문에 합격률도 높아야 하고 회별 문제의 난이도에 따라 합격률이 들쭉날쭉해야 하지만 실제로는 그렇지 않기 때문이다.

　이렇듯 계산문제에 따라 합격의 당락이 결정되는 것이 아니기 때문에 계산문제가 많이 출제되지 않는 종목에서는 자신이 없다면 굳이 계산문제를 선택하지 않아도 된다. 계산문제를 풀고 정답을 적어도 15점이고 서술형 주관식문제를 잘 작성해도 15점을 기대할 수 있기 때문이다.

　서술형 주관식 문제와 마찬가지로 계산문제도 답안을 잘 작성하면 추가

점수를 기대할 수 있다.

계산문제가 주로 출제되는 종목의 경우라면 다른 유형의 문제를 선택할 수 있는 기회가 적기 때문에 추가점수를 받으려면 남들과 다른 접근을 필요로 하게 된다.

■□■ 계산문제의 접근방식

시험장에서는 공학용계산기를 가지고 더하기, 빼기 등의 단순계산에서부터 미분, 적분뿐만 아니라 빈도해석과 같은 확률문제를 풀게 된다.

시험에서는 정확한 답을 요구하지만 실무에서 그 값은 최소값이나 최대값, 또는 그 값이 허용하는 범위가 되는 경우가 많다.

그래서 기술보고서에서는 '계산한다' 라는 단어보다는 대부분 '산정한다.' '산정한 결과는 다음과 같다' 등의 단어를 사용하게 된다.

▶ 계산(計算) [명사]
  1. 수를 헤아림
  2. 〈수학〉 주어진 수나 식을 일정한 규칙에 따라 처리하여 수치를 구하는 일

▶ 산정(算定) [명사]
  셈하여 정함

여기에 안전성, 경제성, 사회성 등의 요구사항을 감안하여 값을 결정하게 되는 경우가 많다. 계산문제가 실제 업무와 연관되어 어떻게 활용되는지 함께 적어주어야 차별화가 가능하다.

계산문제의 풀이과정과 답을 적을 때에는 이러한 점을 채점자에게 어필해야 한다.

이렇게 작성된 답안은 추가적인 점수를 기대해볼 수도 있으며, 비록 오답을 적었다고 하여도 문제에 접근하는 방식이 논리적으로 타당하면 크게 감점을 받지 않을 수도 있을 것이다.

■□■ 계산문제의 답안 작성방법

계산문제는 그림이나 수식과 함께 출제되는 경우가 많다. 이때 문제와 같이 출제된 그림은 그대로 답안지에 옮겨 그려서는 안 된다.

문제를 적고 그림을 그린 후 답안을 시작하게 되면 답안지의 절반을 문제와 그림이 차지하게 되며, 서론 부분이 중간 아래부터 시작하게 되므로 보기 좋은 답안이 될 수 없다.

문제에 제시된 그림을 이용하고 싶다면 풀이과정과 함께 그려야 한다. 문제지의 그림 그대로 그리지 말고 단순화하거나 그림의 의미를 지시선과 키워드로 보충 설명하여 답안의 일부로 끌어들여야 한다.

25분의 제한된 시간 내에 한 문제를 풀어야 하기 때문에 문제를 풀고 풀이 과정을 정리한다는 것은 쉬운 일이 아니다. 그래서 계산문제는 풀이과정의 앞과 뒤를 보충하는 편이 답안 작성 시간을 조절하기가 쉽다.

간단한 계산문제의 경우 첫 페이지는 문제와 공식 및 유도과정 등의 기본원리를 적어준다. 다음 페이지부터는 풀이과정과 정답을 쓰고 마지막에는 내용을 보충할 필요가 있을 경우 이러한 계산문제가 실무에서는 어떤 케이스에 어떻게 활용되는지를 적어주면 된다.

복잡한 계산문제의 경우 기본이론과 함께 어떤 논리로 접근하여 문제를 풀 것인지를 적어준다. 단순히 계산문제를 푸는 것이 아니라 기술자적인 입장에서 문제에 접근하고 있다는 것을 알리기 위해서다.

▶ 계산문제 답안 작성(예)

문제풀이와 답을 적기 전에 간단히 개요와 기본 방정식을 설명

문제 수력발전에서 $n=0.014$, $Q=10m^3/s$, $\eta=80\%$
      관마찰만 고려할 경우 발전소출력 (kW)는?

I. 개요
   (1) 발전소 출력은 터빈기 단위유게당 물로 부터 얻은 에너지로 산정
   (2) Bernoulli Equation 적용

II. 기본방정식
   (1) Bernoulli Equation
       $$\frac{V_1^2}{2g} + \frac{P_1}{\gamma} + Z_1 + H_p = \frac{V_2^2}{2g} + \frac{P_2}{\gamma} + Z_2 + h_f + \Sigma h_m + h_T$$

   (2) 유량 Q를 양수하는데 필요한 펌프의 수두
       $$H_e = H - (h_f + \Sigma h_m)$$
       여기서, H는 수면차, h_f는 마찰손실
              Σh_m은 미소손실의 합

   (3) 펌프동력
       $$H_p(kW) = \frac{9.8 Q H_e}{\eta}$$

   (4) 터빈동력
       $$H_T(kW) = 9.8 \eta Q H_e$$

그림과 공식을 이용하여 계산문제의 답을 유도

Ⅲ. 온제출기

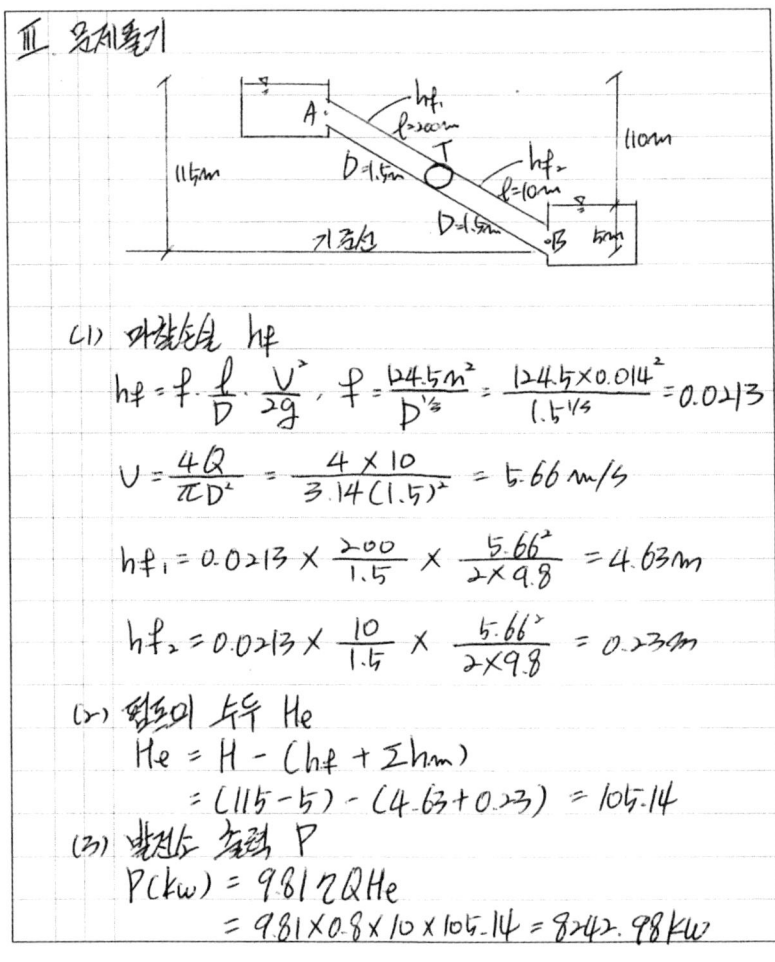

(1) 마찰손실 h_f

$$h_f = f \cdot \frac{\ell}{D} \cdot \frac{V^2}{2g}, \quad f = \frac{124.5 n^2}{D^{1/3}} = \frac{124.5 \times 0.014^2}{1.5^{1/3}} = 0.0213$$

$$V = \frac{4Q}{\pi D^2} = \frac{4 \times 10}{3.14 (1.5)^2} = 5.66 \, m/s$$

$$h_{f_1} = 0.0213 \times \frac{200}{1.5} \times \frac{5.66^2}{2 \times 9.8} = 4.63 \, m$$

$$h_{f_2} = 0.0213 \times \frac{10}{1.5} \times \frac{5.66^2}{2 \times 9.8} = 0.23 \, m$$

(2) 펌프의 수두 H_e

$$H_e = H - (h_f + \Sigma h_m)$$
$$= (115 - 5) - (4.63 + 0.23) = 105.14$$

(3) 발전소 출력 P

$$P(kW) = 9.81 \, Q H_e$$
$$= 9.81 \times 0.8 \times 10 \times 105.14 = 8242.98 \, kW$$

⑮.❸ 모르는 문제에 대한 접근방법

■□■ 10점 문제

1교시 10점 문제는 거의 OX문제에 가깝다. '논하라', '설명하라' 식의 문제보다는 정의와 개념을 묻는 문제가 대부분이기 때문에 정확하게 알지 못하면 0점 처리되고 만다.

정의와 개념을 모르면서 나만의 논리도 구구절절 서술해도 1교시는 문제당 만점이 7점 정도이기 때문에 부분점수를 기대하기도 어렵다. 그렇기 때문에 1교시에 출제되는 모르는 문제에 대한 특별한 접근방법은 없다고 봐야 할 듯하다.

주관식 서술형 문제에서 높은 점수를 받아도 1교시 점수가 낮아 불합격되는 경우도 많으므로 기출문제와 출제가 예상되는 문제들을 별도로 정리하여 확실하게 암기해두어야 한다.

■□■ 25점 문제

25점 문제에서 교시마다 1문제 정도 모르는 문제가 있다면 포기하지 말고 답안을 작성할 방법을 찾아봐야 한다.

6문제 중에서 4문제를 선택하도록 되어 있기 때문에 3문제만 출제자가 의도한 올바른 답안을 작성하고 나머지 1문제를 적지 못한다면 합격을 기대하기는 거의 불가능하다.

사실 모르는 문제는 한 문제가 아니다. 문제를 선택해서 답안을 작성하도록 되어 있기 때문에 모르는 문제는 6문제 중에서 3문제가 된다. 결국 출제된 문제의 50%가 모르는 문제라는 것이다.

여기서 모르는 문제란 알고는 있지만 구체적으로 답안을 적기가 어려운 경우에 더 가까울 것이다.

전혀 생소한 문제라면 한 글자도 답안을 작성할 수 없겠지만, 약간이라도 문제의 의미를 파악하고 있는 상태라면 포기하지 말고 답안을 작성하여야 부분점수라도 기대할 수 있게 된다.

답안을 작성하는 첫 번째 방법은 실무적인 경험을 바탕으로 쓰는 것이다. 문제와 관련된 유사한 경험이 있다면 클라이언트의 요구사항이 무엇이었는지, 문제점이 무엇이었는지 대안으로 어떤 것이 제시되었는지를 서술하고 결론을 유도하는 것이다.

두 번째 방법은 기본이 되는 이론을 바탕으로 풀어쓰는 방법이다. 모르는 문제를 자신의 논리만 가지고 풀다 보면 소위 배를 끌고 산으로 가는 경우가 발생할 수 있다. 그러므로 기본이 되는 이론을 바탕으로 적절하게 답안을 구성해 나가는 것이다.

보통 모르는 문제는 제일 마지막에 답안을 작성하게 된다. 이때 답안작성에 필요한 목표 페이지 수를 줄이는 것이 좋다. 25점 문제는 최소한 3페이지 정도를 작성하는 것이 좋지만 2페이지 반 정도만 작성하도록 한다. 구구절절 적다 보면 모르는 티가 절로 나게 마련이다.

▶ 모르는 문제의 답안 작성방법

① 경험이나 다른 이론을 근거로 답안을 작성하게 될 경우 구체적인 이유, 관련 이론, 통계나 사례 등으로 접근하여 당신이 주장이 옳다는 것을 입증시켜라.
② 다양한 관점을 반영하여 분석적이고 종합적으로 작성하라.
③ 의미 있는 대안을 모두 제시하고 각 대안의 장단점, 기대효과 문제점을 분석 제시하라.
④ 결론을 분명히 명시하라.

15.4 답안 정정 시 유의사항

■□■ 두 줄을 긋지 말 것

오타나 잘못 쓴 단어를 고쳐 적을 때에는 두 줄을 긋지 말고 옆에 정정하여 다시 적는 편이 보기가 더 좋다.

답안을 작성하다 보면 내용을 잘못 적거나 오탈자로 인하여 정정하여 다시 기재해야 되는 경우가 발생하기 마련이다. 정정할 내용이 너무 많으면 곤란하겠지만, 그다지 많은 편이 아니라면 잘못 쓴 내용이거나 오탈자임을 채점자에게 먼저 알릴 필요는 없다.

오탈자는 답안의 완성도를 떨어뜨리지만, 찾기가 쉬운 편은 아니다. 두 줄을 긋는다는 것은 채점자에게 오탈자임을 알리는 것이다.

이러한 표시는 볼펜 똥만큼이나 눈에 거슬리기 때문에 굳이 오탈자임을 알릴 필요는 없다. 잘못 적은 내용이나 오탈자로 인해 문장이 어색해 질 수도 있겠지만, 두 줄을 긋지 말고 옆이나 다음 줄에 정정하여 다시 적는 편이 낫다. 그렇게 하여도 채점자가 내용을 이해하는 데 큰 무리는 없다.

▶ 오탈자 정정방법

4. 답안 정정시에는 두 줄(=)을 긋고 다시 기재 가능하며, 수정테이프(액)등을 사용했을 경우 채점상의 불이익을 받을 수 있으므로 사용하지 마시기 바랍니다.
5. 답안지에 답안과 관련없는 특수한 표시, 특정인임을 암시하는 답안은 0점 처리됩니다.
6. 답안작성 시 홈(구멍)이나 도형 등 그림이 없는 직선자(템플릿 사용금지) 만 사용할 수 있으며, 지정도구 외의 자 를 사용할 시에는 불이익을 받을 수도 있습니다.
7. 문제의 순서에 관계없이 답안을 작성하여도 되나 주어진 문제번호와 문제를 기재한 후 답안을 작성하고 전문용어는 원어로 기재하여도 무방합니다.
8. 요구한 문제수 보다 많은 문제를 답하는 경우 기재 순으로 요구한 문제수 까지 채점하고 나머지 문제는 채점대상에서 제외됩니다.
9. 답안 작성시 답안지 양면의 페이지 순으로 작성하시기 바랍니다.
10. 기 작성한 문항 전체를 삭제하고자 할 경우 반드시 해당 문항의 답안 전체에 대하여 명확하게 X표시 (X표시 한 답안은 채점대상에서 제외) 하시기 바랍니다.

■□■ X 표시 하지 말 것

1교시는 한 페이지를 작성하는 데 10분 정도 시간이 필요하다. 2교시 이후 서술형 주관식 문제의 경우 이보다 적은 7~8분 정도의 시간을 필요로 하게 된다. 문항 전체를 삭제해버리면 그만큼 시간이 부족하게 되어 좋은 답안을 작성하기가 어려워진다.

처음부터 답안 구성에 따라 대제목을 분류하고 할당된 페이지 내에서 표나 그림을 채우는 방식으로 답안을 작성하는 것이 바람직하지만, 일부 문항을 수정해야 한다면 X표시를 하는 것보다는 그대로 두거나 해당부분을 보완하는 것이 더 좋다.

답안은 일부로 평가받는 것이 아니라 전체적인 구성과 논리로 평가를 받는다. 문제에서 크게 벗어나는 내용을 서술한 것이 아니라면 두 줄 긋기와 마찬가지로 일부러 드러내지 말고 답안 속으로 끌어들이는 것이 더 바람직하다.

이러한 표시 또한 답안의 일부이기 때문에 오히려 일관성 없는 답안으로 비춰져서 당황하여 갈팡질팡하는 것처럼 보여줄 수도 있기 때문이다.

▶ 문항 전체를 삭제하고자 할 경우

> 4. 답안 정정시에는 두 줄(=)을 긋고 다시 기재 가능하며, 수정테이프(액)등을 사용했을 경우 채점상의 불이익을 받을 수 있으므로 사용하지 마시기 바랍니다.
> 5. 답안지에 답안과 관련없는 특수한 표시, 특정인임을 암시하는 답안은 0점 처리됩니다.
> 6. 답안작성 시 홈(구멍)이나 도형 등 그림이 없는 직선자(템플릿 사용금지) 만 사용할 수 있으며, 지정도구 외의 자 를 사용할 시에는 불이익을 받을 수도 있습니다.
> 7. 문제의 순서에 관계없이 답안을 작성하여도 되나 주어진 문제번호와 문제를 기재한 후 답안을 작성하고 전문용어는 원어로 기재하여도 무방합니다.
> 8. 요구한 문제수 보다 많은 문제를 답하는 경우 기재 순으로 요구한 문제수 까지 채점하고 나머지 문제는 채점대상에서 제외됩니다.
> 9. 답 안 작성시 답안지 양면의 페이지 순으로 작성하시기 바랍니다.
> 10. 기 작성한 문항 전체를 삭제하고자 할 경우 반드시 해당 문항의 답안 전체에 대하여 명확하게 X표시 (X표시 한 답안은 채점대상에서 제외) 하시기 바랍니다.

▶ X 표시한 답안지

한 페이지를 포기하면 최소 7분의 답안작성 시간이 사라진다.
다시 쓴다고 해도 더 좋은 답안을 적을 수 있는 것도 아니다.(시간부족)

잘못 작성한 답안이라도 X표 하는 것보다는 답안의 내용인 것처럼 그대로
두거나 차라리 한 페이지를 더 적는 편이 낫다.

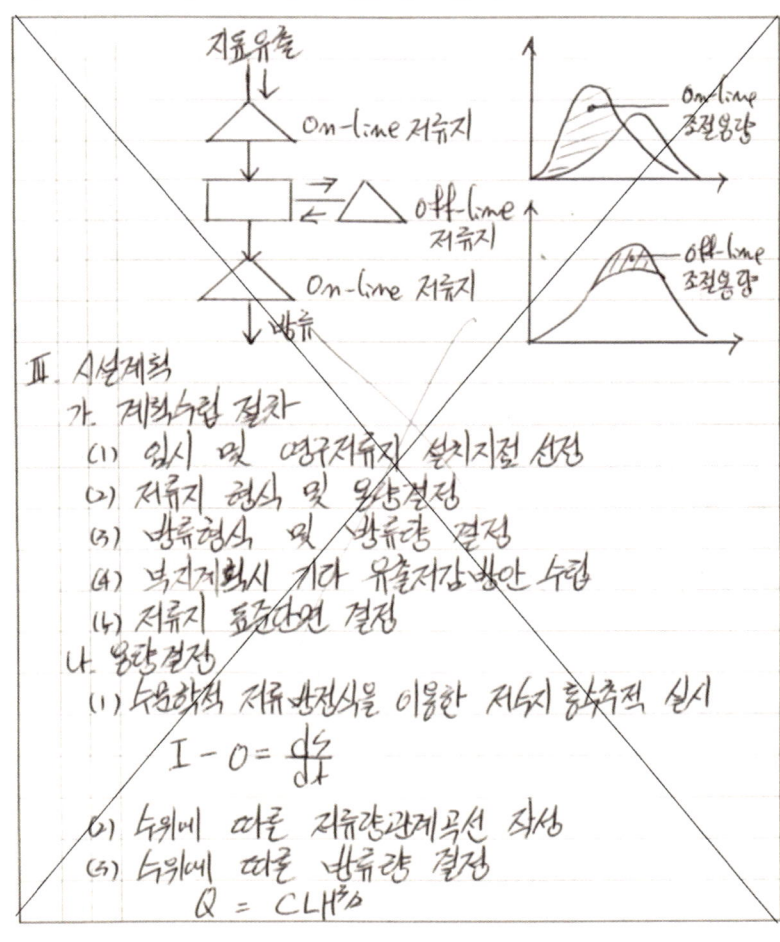

16 시험장에서 필요한 것들

16.1 필수 지참물

■□■ 수험표와 신분증

 시험 감독관은 접수된 사진과 수험표, 신분증을 매 교시마다 확인하고 감독관 도장을 날인하므로 반드시 지참해야 한다.

■□■ 1.6mm 볼펜 4자루

 교시마다 12페이지를 작성하면 볼펜심의 절반 정도를 사용하게 된다. 4교시를 모두 마치면 두세 자루 정도의 볼펜이 소요되므로 4자루 정도 가지고 가면 된다.

■□■ 직선 자(길이: 20cm 정도)

 표나 그림 등을 그리기 위해 필요하다.

■□■ 수치해석용 계산기

 시험 보기 전에 반드시 리셋(reset)을 한 상태에서 답안을 작성하도록 하고 있다.

■□■ 시계

 시험은 60분이 아니라 120분 간격으로 치러지기 때문에 시간조절에 주의해야 한다.

16.2 그 밖에 필요한 것들

■□■ 샤프와 지우개

대제목의 순서나 키워드, 계산문제는 문제지를 연습장처럼 활용하는 것이 좋다. 볼펜보다는 샤프가 사용하기 편리하다.

■□■ 파스

400분간 고개를 숙이고 있어야 하므로 목에도 상당한 무리가 따른다. 주변 사람에게 방해가 될 수 있으므로 냄새가 많이 나지 않는 제품을 준비하도록 한다.

■□■ 축소한 예비답안지

시험 시작 전, 휴식시간, 점심시간에 볼 키워드 노트가 필요하다. 빠른 시간 안에 훑어보기에는 A4를 축소한 예비답안지가 좋다.

■□■ 휴지와 테이프(볼펜 똥 제거용)

볼펜 똥을 닦기 편하게 책상 모서리에 미리 휴지를 붙여두어야 한다. 만약 준비하지 못했다면 입고 있는 옷에라도 닦아야 한다.

■□■ 물과 도시락

혼자서 시험을 치르거나 주위에 마땅히 점심식사를 할 만한 식당이 없다면 물과 도시락을 준비해 가도록 한다. 낯선 곳에서 밥 먹을 장소를 찾으러 다니느라 불필요한 시간과 노력이 들거나, 잘못 먹고 탈이 날 수도 있으므로 늘 먹던 음식으로 간단하게 준비해 가는 것도 괜찮다.

17 레이스를 완주한 선수만이 다음 레이스에 우승을 기대할 수 있다

17.1 시험공부를 포기하지 마라

■□■ 기초가 부족하다

　기초가 부족하다고 말하는 예비 기술사들의 대부분은 자신이 만든 서브노트가 없는 경우가 많다. 서브노트를 만드는 과정이 기본기를 다지는 과정인데 남이 만들어놓은 서브노트를 암기하는 정도로는 기술사 필기시험에 합격하기란 상당히 어렵다. 기술사 시험에 합격하는 길은 오로지 노력뿐이다. 나만의 노트가 없다면 눈앞에 시험이 다가와 있더라도 서브노트를 만들기 시작하여야 한다. 그 노트를 바탕으로 예비답안을 작성하고 또한 개선해 나가야 한다. 그러면 이번 시험에 불합격하더라도 다음 시험에서는 합격할 수 있다는 자신감이 생겨날 것이다.

■□■ 아무리 공부해도 점수가 나오지 않는다

　아무리 공부를 열심히 해도 50점대에서 벗어나지 못한다고 하소연하는 예비 기술사가 많다. 또는 58점이나 59점을 받아 1~2점이 부족해서 합격을 못했다고 아쉬워하는 예비 기술사도 많다.
　더 분발해서 공부를 해보지만 결과는 지난번과 마찬가지로 거의 비슷한 점수를 받게 되는 경우가 많다. 이것은 기술사 시험에 대한 이해 부족이 원인이다. 객관식 시험은 열심히 암기해서 4지선다형의 객관식 문제 중에서 틀린 답이나 맞는 답을 고르면 된다. 연필을 굴려 찍은 답이 운 좋게 정답을 고르게 되는 경우가 발생할 수도 있다.

기술사 시험에서는 그런 운을 기대하기 어렵다. 늘 한결같은 점수를 받고 있다면 계속 같은 방법으로 공부하기에 앞서 다른 사람들은 어떤 답안을 작성하고 있는지 알아보는 것이 중요하다. 나아가 다른 종목의 예비 기술사들은 합격을 위해 어떤 답안을 만들려고 노력하는지 알아보는 것이 점수를 올리는 데 큰 도움이 될 것이다. 기술사가 되려면 우물 안의 개구리가 되어서는 안 된다.

■□■ 공부할 시간이 부족하다

아마도 가장 많은 핑계는 공부시간의 부족을 들 것이다. 직장을 다니면서 공부하기 어려운 건 모두 마찬가지다. 하지만 부족한 시간을 쪼개어 운동을 하고, 회화를 배우고, 자기개발을 할 수밖에 없는 사람들이 또한 직장인이다.

공부할 시간은 만들면 된다. 월/주간/하루 단위로 체계적인 공부계획을 세우고 필요하다면 10분 단위로 시간을 쪼개서 하면 된다. 공부할 시간이 부족한 것이 아니라 효율적으로 활용을 못하는 것뿐이다.

■□■ 의지력이 부족하다

열심히 공부해서 합격할 수 있다는 보장만 되면 좋겠지만, 언제나 늘 제자리인 점수로 몇 번의 고배를 마시게 되면 포기하고 싶은 생각이 간절해진다. 포기하고 싶어지거나 회의가 들 때면 부모님과 가족들의 얼굴을 떠올려 보아라. 합격하면 누구보다 기뻐하고 자랑스럽게 생각할 것이다. 한 집안의 가장이 공부에 매달리면 가족들 모두가 수험생이 되어 함께 힘들어 한다. 지금까지 참고 기다려준 가족들을 떠올리며 합격할 수 있다는 자신감을 가져야 한다.

17.2 시험 중간에 나오지 마라

최근 2년간 결시율은 평균 18.9% 정도나 된다. 2009년 88회에서는 22.1%의 높은 결시율을 보이고 있다.

기술사 필기시험은 2개 교시 이상 결시하여 답안을 제출하지 않으면 결시자로 처리하여 채점을 하지 않는다. 결시자의 대부분은 처음부터 시험장에 오지 않는 수험생이거나 1교시나 2교시가 끝난 후 퇴실하는 수험생이다.

▶ 최근 2년간 기술사자격시험 결시율

구분	회차	종목 수	대상자	응시자	결시자	결시율
2009년	89	42	11,656명	9,811명	1,845명	15.8%
	88	40	9,832명	7,662명	2,170명	22.1%
	87	56	11,935명	9,792명	2,143명	18.0%
2008년	86	44	11,115명	9,112명	2,003명	18.0%
	85	40	8,091명	6,664명	1,427명	17.6%
	84	57	11,541명	9,040명	2,501명	21.7%

출처: 한국산업인력공단

접수만 해놓고 시험장에 나타나지 않는 사람들도 많다. 기술사 자격증이 필요하다고 생각되어 항상 접수는 하지만 이런저런 이유로 공부가 부족하니 시험을 봐도 떨어질 것이라 생각하고 아예 시험장에 나타나지도 않는다.

열심히 공부하여 시험장에 왔지만 시험 초반에 답안 작성을 망쳤다고 시험 중간에 나가버리는 사람도 많다. 만족스럽게 답안을 쓰지 못하였거나 설사 공부가 부족하다 하여도 결시하지 않고 끝까지 최선을 다하여야 한다. 한번이라도 시험 중간에 나오기 시작하면 다음번 시험에도 참지 못하고 도중에 나오기 마련이다.

시험장에서 평소 알고 지내던 사람과 함께 시험을 치르게 되면 분위기에 휩쓸려서 결시생이 많아지는 경우도 흔하게 볼 수 있다.

기술사 시험은 마라톤 못지않게 힘들다. 오전 9시부터 시작해서 오후 5시 20분이 되어야 시험이 끝난다. 답안 작성시간은 무려 400분이나 된다. 6시간 40분 동안 고개를 숙이고 답안을 작성하는 자신과의 싸움이다.

기술사 시험에 어느 정도 이력이 붙으면 쉬지 않고 답안을 작성하여도 6시간 40분이나 되는 시험시간을 부족하게 느끼는 사람들도 많다.

기술사 시험은 마라톤과도 같아서 중간에 쉬거나 포기하면 다음 레이스에도 완주한다는 보장이 없다. 완주를 못하면 영원히 우승을 기대할 수 없는 것이다.

마라톤이 고독하고, 힘들고, 지루하고, 고통스러워도 완주를 해야 우승을 바라볼 수 있는 것처럼 기술사 시험도 끝까지 최선을 다해야 합격을 기대할 수 있는 것이다.

설사 이번 시험에 합격하지 못하더라도 지금 주어진 시간에 최선을 다하는 사람만이 다음 시험에 합격을 기대할 수 있는 것이다.

'레이스를 완주한 선수만이 다음 레이스에 우승을 기대할 수 있다' 라는 말을 명심해야 할 것이다.

합격 _ 合格 _ Pass
「기술사 시험 합격을 신고합니다!」

overview
- 경력증명서 작성
- 면접 준비
- 최종합격

18 2차 면접시험 합격방법

18.1 면접시험 접수

■□■ 필기시험 합격(예정)자 응시자격 서류 제출 및 심사

기술사 시험은 응시자격이 제한되어 있으므로 필기시험 합격(예정)자는 필기시험 접수지역과 관계없이 한국산업인력공단 지역본부나 지사에 응시자격서류를 제출하여야 한다. 응시자격서류를 제출하여 합격 처리된 사람에 한하여 실기시험 접수가 가능하다.

Q-net에서는 응시자격 자가진단서비스를 통하여 해당 분야의 기술사종목에 대한 응시가능 여부 및 응시자격제출 서비스를 제공하고 있다.

기술사 필기시험은 별도의 제출서류 없이 응시가 가능하지만, 만약 1차 필기시험에 합격하더라도 응시자격 요건을 만족하지 못하면 합격이 취소되므로 2차 면접시험에 응시할 수 없다.

■□■ Q-Net의 응시자격 자가진단서비스

'응시자격 자가진단'이란 수험자가 본인의 학력, 경력 등을 근거로 '등급별 응시가능 종목'과 '응시자격 제출서류'를 스스로 진단하고 안내 받을 수 있는 서비스를 말한다.

▶ 자가진단 방법

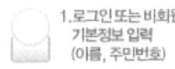 

■□■ 서류심사 경력관리서비스

'서류심사 경력관리서비스'란 응시자격 서류심사 기간 중 수험자가 제출한 학력, 경력 등을 인증절차를 거쳐 DB화하였다가 추후 동일(유사) 직무분야의 동일등급 및 하위등급 응시 시 서류 제출이 면제될 수 있도록 관리해주는 서비스를 말한다.

▶ 서류인증 절차

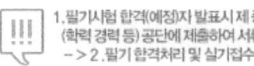

■□■ 기술사 수험자 이력카드 작성

면접시험은 응시자격 제출서류와 함께 기술사 수험자 이력카드를 작성토록 하고 있다. 제출된 이력카드는 이름을 빼고 자격취득사항과 경력사항만을 면접위원에게 전달하여 면접 시 참고자료로 활용한다.

이력카드에는 본인의 기 취득자격증 중 5개까지 작성이 가능하다. 이때 주의할 점은 단순히 자격증을 많이 써넣는다고 해서 유리한 것만은 아니다. 타 분야의 자격증을 올리게 되면 오히려 불리하게 작용할 수도 있다.

경력사항에 있어서도 면접위원은 제출된 이력카드를 토대로 물어볼 수 있으므로 작성 시 신중을 기하여야 한다. 참여했던 업무 및 담당업무를 너무 부풀려 작성하지 말고 면접위원의 질문에 자신 있게 답할 수 있는 업무를 적는 것이 면접에 유리하다.

18.2 면접시험 대처방안

■□■ 면접 장소 및 절차

한국산업인력공단에서 공지한 연간 기술사 검정시행일정에 따라 면접시험을 시행한다. 종목별로 정확한 면접일은 필기시험 합격자에게 별도로 날짜를 통보해준다.

면접일은 같은 종목이라도 인원이 많으면 며칠에 걸쳐 시행되기도 하며 같은 날짜에도 오전, 오후로 나누어 치르기도 한다.

면접시험은 한국산업인력공단 내에 있는 회의실에서 실시되며 면접위원은 총 3인이 참석한다.

면접장인 회의실 앞에는 면접대기실이 있는데 100명 정도 대기할 수 있는 의자가 배치되어 있다. 금회 필기 합격자와 전 회의 면접시험 불합격자가 면접대상자이다.

면접순서는 종목별로 5명씩 입실 대기조를 편성하여 면접장 입구에 대기하고 앉아 있다가 앞선 면접자가 나오면 입실하게 된다.

면접장인 회의실은 입구를 제외한 나머지 3면에 종목별로 칸막이를 두고 부스 형태로 배치되어 있다. 각 부스에는 직사각형 테이블이 놓여 있고 건너편에는 교수 및 기술사로 구성된 3명의 면접위원들이 앉게 되며 피면접자는 맞은편 중앙 의자에 앉으면 된다.

면접시간은 개인에 따라 10~30분정도 소요되며 질의·응답 방식으로 진행된다.

마지막 면접위원의 질문이 끝나고 나면 수험자는 퇴실하고 면접위원별로 채점이 이루어진다. 면접위원별 평균점수가 60점이 넘으면 최종 합격이 된다.

■□■ 선배 기술사의 경험담이나 학원 특강 활용

2차 면접시험은 불합격되어도 필기시험을 2년간 면제받을 수 있기 때문에 심적인 부담은 1차 필기시험보다는 덜하다고 생각할 수도 있다.

하지만, 막상 불합격되고 나면 기술사도 아니고 수험생도 아닌 처지가 되어버리기 때문에 공부를 할 수도 안 할 수도 없는 어정쩡한 상태가 된다. 다음에 합격하면 좋겠지만 두 번 이상 불합격하게 되면 심적인 불안감이 커지기 때문에 면접시험에 대한 준비도 철저히 할 필요가 있다.

가장 먼저 할 수 있는 일은 기출문제를 파악하는 것이다. 전회의 선배 기술사들이 면접시험에서 받은 질문들을 모아서 정리하는 것이다. 면접위원마다 준비하는 문제는 다를 수도 있겠지만, 질문내용의 경향성을 파악할 수 있기 때문에 큰 도움이 된다.

두 번째는 학원의 면접시험 특강을 활용하는 방법이다. 1차 필기시험이 끝나면 학원에서는 면접 시 복장, 인사방법, 모르는 문제 대처 방법, 면접 기출문제 등을 알려준다.

물론 내가 속한 종목과 달라도 상관이 없다. 종목이 다르니 면접 기출문제만 다를 뿐이다.

■□■ 면접시험 답변요령

　교수나 기술사로 구성되는 면접위원들은 대부분 자신의 전문분야와 관련된 문제를 준비하여 질문을 하게 된다.
　면접위원의 질문은 대부분 '○○을 설명하라', '○○은 무엇입니까?' 또는 '어떻게 생각합니까?' 등 객관적인 사실이나 주관적인 견해를 면접위원에게 설명하는 것이다. 그러므로 이러한 질문에 대하여 답을 말하는 패턴을 미리 기억하고 연습하여야 한다.

▶ 답을 말하는 패턴

패 턴

01. 질문의 요지를 파악하고 대답한다.
→ 객관적 사실을 묻는 것이라면 기준이나 지침, 참고서적에 있는 내용을 말하는 것으로 충분하며, 주관적인 견해를 묻는다면 경험이나 경향 등에 대하여 설명하는 것이 좋다.

02. 결론부터 말하고 나서 이유를 설명한다(결론-이유 설명-부연설명)
→ 예를 들어 "좋아하는 스포츠가 무엇입니까?"라는 질문을 받았다면
→ 일단 "축구입니다."라고 답을 한다.
→ 그 뒤 "공 하나만 있으면 어디서나 즐길 수 있기 때문입니다."라고 이유를 설명하고, "그래서 인근에 공터나 운동장만 있으면 사람들과 쉽게 축구를 즐기곤 합니다."라는 식으로 부연설명을 하면 된다.

03. 면접위원에게 올바른 경어와 존칭을 사용한다.
→ 자신을 지칭할 때는 '저'라고 쓰며 '나'라는 1인칭을 사용하지 않는다.
→ 면접위원에게는 '위원님'으로 호칭하면 된다.
→ 어떠한 경우라도 극존칭은 사용하지 않는다.

04. 항상 미소를 잃지 않도록 한다.
→ 미소와 여유는 면접에 합격할 수 있는 강력한 무기 중 하나다.

05. 논리적으로 반론을 잘해야 한다.
→ 그해의 이슈를 질문하는 경우가 많다. 이 경우 견해차이로 인하여 면접위원과 논쟁을 벌일 소지가 있다. 되도록 논쟁은 피하되 자신의 주장에 대한 구체적인 근거를 제시하는 것이 좋으며 면접위원의 의견에도 수긍하는 태도를 취하는 것이 좋다.

06. 마지막까지 최선을 다하는 모습이 필요하다.
→ 작은 실수 하나가 당락을 좌우하지는 않는다. 최종 결론을 어떻게 맺느냐에 따라 합격의 열쇠가 될 수도 있다.

07. 항상 임기응변이 필요하다.
→ 모르거나 경험하지 못한 질문에 대해서는 당황하거나 '음…', '저…' 이렇게 뜸들이지 말고 면접위원들의 반응을 살펴 대응하는 임기응변자세가 필요하다. 임기응변이야말로 상황대처능력의 척도이다.

■□■ 말하기 연습

　제일 먼저 면접 기출문제 또는 해당 종목의 이슈 등을 토대로 예상문제를 발췌한다. 어느 정도 문제가 정리되면 답을 말하는 패턴에 따라 답변 자료를 준비한다.

　실전처럼 대답하는 연습을 하도록 한다. 이때 보이스레코더를 이용하여 녹음을 해두어야 한다. 억양, 말의 속도, 불필요한 음절의 사용, 긴장감, 자신감 등을 체크해가면서 반복 연습토록 한다.

■□■ 모의면접

　모의면접을 통하여 얻을 수 있는 가장 큰 장점은 임기응변 능력을 키우는 것이다. 면접위원이 모르는 문제를 질문하였을 때 가장 효과적으로 대처할 수 있는 방법을 연습하는 것이다.

▶ **임기응변(臨機應變)** [명사]
　그때그때 처한 사태에 맞추어 즉각 그 자리에서 결정하거나 처리함

　모의면접은 선배기술사나 주변 동료의 도움을 받아 연습하되 가능하면 자신이 모를 것 같은 문제를 질문하도록 부탁하는 것이 좋다. 이때에도 보이스레코더를 이용하여 녹음을 하도록 한다.

　아는 내용, 어렴풋이 아는 내용, 모르는 내용에 대하여 자신이 어떻게 답변하고 있는지를 체크해가며 고쳐나가야 한다.

　보이스레코더를 반복해서 듣다보면 자연스럽게 암기도 된다. 이러한 말하기 연습이나 모의면접은 면접시험 전까지 지속적으로 연습해야 효과를 볼 수 있다.

■□■ 설득의 심리학

면접도 커뮤니케이션이다. 서로 간에 의사소통이 필요하고 원활한 대화를 위한 수단과 방법이 필요하다.

로버트 치알디니의 『설득의 심리학』은 직접적으로 면접과 관련된 책은 아니다. 다만 설득의 6가지 법칙을 통하여 효과적인 설득의 방법과 선택의 방법을 제시하고 있는 책이다. 아래의 6가지 법칙이 우리가 세상을 살아가면서 느끼지는 못했지만 설득하거나 설득당하면서 적용되었던 법칙들이라고 한다.

읽고 나면 면접위원과의 만남에 대한 긴장감을 다소나마 해소하는 데 도움이 되는 책이다.

▶ 설득의 6가지 법칙

01. 상호성의 법칙
→ 상대방이 베푸는 호의, 선물, 초대 등이 결코 공짜가 아니라 미래에 갚아야 할 빚이라는 사실을 우리에게 일깨워준다.

02. 일관성의 법칙
→ 우리가 지금까지 행동해 온 것과 일관되게 혹은 일관되게 보이도록 행동하려 하는 거의 맹목적인 욕구를 말한다.

03. 사회적 증거의 법칙
→ 무엇이 옳은가를 결정하기 위해 우리가 사용하는 방법 중의 하나는 다른 사람이 우리와 행동을 같이 하느냐에 의해 결정된다.

04. 호감의 법칙
→ 어떤 사람의 긍정적인 특성 하나가 그 사람 전체를 평가하는 데 결정적인 영향을 미친다는 것으로 '후광효과'라 한다.

05. 권위의 법칙
→ 권위자의 명령이 옳고 그름을 분석하는 데 전혀 신경을 쓰지 않고 권위에 대한 복종은 거의 무의식적인 차원에서 자동적으로 이루어진다.

06. 희귀성의 법칙
→ 어떤 것이 희귀하거나 희귀해지고 있다면 그것의 가치는 더욱 높아진다.

▶ 설득의 심리학

〈지은이: 로버트 치알디니〉

애리조나 주립대학교 심리학 및 마케팅학과 평의교수. 영향력 및 설득에 관한 세계 최고의 전문가로서 인성과 사회심리학 협의회 회장을 역임.
 그의 연구는 다양한 학회지 및 기업 저널에 발표되며 재계와 정부의 관심을 끌고 있으며 2003년 사회심리학 분야의 공로를 인정받아 도널드 T. 캠벨상을 수상.

책 소개:
 "왜 나는 그렇게나 쉽게 승낙해버리는 걸까?" 누구나 성급하게 승낙해놓고, 필요 없는 물건을 사놓고 후회한 적이 있을 것이다. 당신에게 승낙을 끌어냈던 바로 그 기술의 원리를 당신이 터득한다면 불필요한 설득을 당하지 않을 뿐 아니라, 필요한 승낙을 쉽게 얻어낼 수 있을 것이다.

18.3 면접 복장

■□■ 드레스코드

때와 장소에 따라 갖추어야 하는 복장에 대한 규정 또는 규칙 등을 뜻하는 것이 '드레스코드'이다. 복장뿐만 아니라 때와 장소에 따라 사용하는 행위나 말씨도 구분해야 한다는 뜻의 TPO라는 말도 있다.

▶ 드레스코드(dress code)
복장 규정, 군대나 학교 등의 복장 규칙

▶ TPO(ティピオ: 일본 조어, time, place and occasion) [명사]
티피오. 때와 장소와 경우에 따라 복장이나 행위·말씨 등의 사용구분

드레스코드란 직업과 직종에 맞는 옷차림의 일정한 형태를 말한다. 직업 세계에서 옷차림이란 한 단체에 무난히 소속되기 위한 통과의례와 같은 것이라고 한다. 증권사 직원이나 은행원이 청바지와 티셔츠 차림으로 창구에서 고객을 상대한다면 그 직장에서 오래 버티지 못할 것이다.

기술사 면접시험의 공식적인 '드레스코드'는 없다. 정장 차림의 단정한 옷차림을 대개 면접 복장이라 여기고 있다. 기술사는 창조적인 활동을 하는 디자이너나 사진작가 등과는 다른 직업이기 때문에 기술사가 속한 대부분의 직장에서는 부드러운 색상, 질 좋은 옷감, 클래식한 디자인의 옷을 무난하다고 생각한다.

헤어스타일, 양복, 넥타이, 구두 등 전체적으로 톡톡 튀는 무늬, 합성섬유 또는 최신 유행 등은 멀리하면 멀리할수록 면접에서도 이롭다는 사실을 명심하면 된다.

기 타

「기술사자격증 취득 후」

- 기술사 교육훈련
- 국제기술사
- PMP

19 기술사자격증 취득 후

19.1 기술사의 교육훈련

■□■ 기술사 교육훈련 이수

　정부는 국가 최고기술자격인 '기술사'의 전문지식과 기술능력을 향상시키기 위해 기술사법을 개정하여 2007년 7월 27일부터 국제기준의 기술사 계속교육 제도를 도입하였다. 기술사에 대한 교육훈련 제도를 도입한 이유는 기술사의 전문지식과 기술능력 유지·향상 및 국가 간 기술사자격 상호인정 요건에 충족시키고자 교육훈련을 실시하는 것이다.

　교육 대상자는 기술사의 직무를 수행하는 기술사로, 자격증을 취득한 1년 후부터 3년마다 90학점을 이수하여야 한다. 교육훈련을 정당한 사유 없이 받지 아니한 기술사나 교육훈련을 받는 데 필요한 경비를 부담하지 않은 기술사에게는 기술사법 제22조 제2항에 의해 100만 원 이하의 과태료가 부과된다.

▶ 기술사법 제5조의3(기술사의 교육훈련)
　① 교육과학기술부장관은 기술사가 직무에 관한 전문지식과 기술능력을 유지·향상시키고, 국가 간 기술사자격의 상호인정에 필요한 교육훈련요건을 충족할 수 있도록 교육훈련을 실시하여야 한다.
　② 기술사는 제1항의 규정에 따라 교육과학기술부장관이 실시하는 교육훈련을 받아야 한다. 다만, 기술사가 다른 법령에 따라 이수한 교육훈

련이 대통령령이 정하는 기준에 해당하는 경우에는 제1항의 규정에 따른 교육훈련을 이수한 것으로 본다.

③ 제2항의 규정에 따라 교육훈련을 받아야 할 기술사를 고용하고 있는 사용자는 기술사가 교육훈련을 받는 데에 필요한 경비를 부담하여야 하며, 경비 부담을 이유로 그 기술사에 대하여 불이익을 주어서는 아니 된다.

④ 제1항의 규정에 따른 교육훈련의 대상·방법·기준·절차 및 교육기관 그 밖의 필요한 사항은 대통령령으로 정한다.

기술사법 시행령 제12조(기술사 교육훈련의 대상 등)

① 기술사 자격증을 발급받은 날부터 1년이 지난 자로서 법제3조나 다른 법령에 따른 기술사의 직무를 수행하는 자는 법 제5조의3제2항에 따라 기술사 자격증을 발급받은 날부터 1년이 지난 날(이하 "기산일"이라 한다)부터 3년마다 90학점의 교육훈련을 이수하여야 한다.

② 법 제3조나 다른 법령에 따른 기술사의 직무를 기산일 이후 3년 이상 수행하지 아니한 기술사는 기술사의 직무를 수행하기 전에 법 제5조의3제2항에 따라 미리 45학점의 교육훈련을 이수하여야 한다.

▶ 기술사 교육훈련 내용

01. 기본교육 : 12학점(수강교육, 한국기술사회 종합교육원)
→ 윤리, 환경, 안전, 기술·사회·경제동향, 사업관리, 국제규격·기준, 기술사관련 국내외 제도, 국제계약, 외국어 등의 교육

02. 전문교육 : 12학점(수강교육, 한국기술사회 종합교육원)
→ 기술사 종목별 해당 기술분야의 전문기술능력 향상을 위한 교육

03. 자율학습 : 66학점(다양한 자율학습활동)
→ 논문집필, 강의, 특허출원, 업무활동, 기술지도, 심사 등 일상적인 기술 활동
→ 직장에서 기술업무 수행 경력신고만으로도 최대 36학점 인정

19.2 국제기술사 자격인정

■□■ 국제기술사 심사

국제기술사(International Register of Professional Engineers)는 국제 회원국(APEC엔지니어, EMF국제기술사 등) 간 합의된 일정 자격을 갖춘 자국 내 기술사에게 부여하는 자격으로, 회원국 간 상호 인정하여 자유로운 이동성 및 기술사 업무수행을 제도적으로 마련한 자격이다.

▶ APEC Engineer

APEC 내 회원국 간 기술사자격 상호인정 추진을 마련하기 위한 협의기구로 한국, 호주, 캐나다, 대만, 홍콩, 인도네시아, 일본, 말레이시아, 뉴질랜드, 필리핀, 싱가포르, 태국, 미국의 13개국이 참여

▶ EMF 국제등록기술사

　회원국(EMF: Engineer Mobility Forum) 간 기술사의 자유로운 이동성 보장 및 업무수행을 제도적으로 마련하기 위한 협의기구로 한국, 호주, 캐나다, 아일랜드, 홍콩, 남아프리카공화국, 일본, 말레이시아, 뉴질랜드, 스리랑카, 싱가포르, 영국, 미국, 인도, 대만의 15개국이 참여

　한국기술사회는 기술사법 제20조 및 같은 법 시행령 제26조의 규정에 따라 교육과학기술부로부터 국가 간 기술사 자격의 상호인정에 관한 심사 및 국제기술사자격인정증명서 발급에 관한 업무를 위탁 수행(교육과학기술부 고시 제 2007-16호, 2007. 9. 10)하고 있다.

▶ 국제기술사의 자격요건에 대한 심사기준(교과부 고시 제2008-146)
　① 기술사 자격의 보유 여부
　② 학사 이상 공학교육의 이수 여부
　③ 독립적인 업무수행능력 보유 여부
　④ 7년 이상 실무경력 보유 여부
　⑤ 2년 이상의 책임(기술)자 경력 보유 여부
　⑥ 만족할 만한 수준의 계속교육 이수 여부

　정부에서는 FTA 등을 통한 국가 간 기술사 자격 상호인정 추진에 대비하기 위해 국제수준에 맞는 기술사 자격 종목정비를 추진하고 있다.

　종목정비 추진(안)은 종전 89개 종목을 16개 종목으로 조정하는 것이다. '기술사 자격 종목정비(안)'의 시행은 국가기술자격법령 개정 등 후속 조치가 필요하여 일정 기간(3~5년)의 준비를 거쳐 본격 시행될 것으로 예상된다.

▶ 기술사 자격 종목정비 방안 주요내용

① 국제기술사(APEC 엔지니어, EMF 국제기술사 등) 자격 심사 및 자격증 발급 기준 등과 연계하여 16개 종목으로 정비

② 기술사 직무능력 표준 적용, 기술사 검정방식(필기 및 면접) 개선, 응시체계 개선(공학교육인증제도 연계), 종목 간 업무영역 조정 등 일정 기간의 준비 단계를 거쳐 종목정비

　- 종목정비 추진을 위한 준비기간이 장기간 소요될 경우를 대비하여 현행 기술사 자격종목 명을 괄호로 병기, 우선 시행

국제기술사의 등록분야별 기술사 자격종목

등록분야	기술사 자격종목
건설공학(Civil Engineering)	토질 및 기초, 항만 및 해안, 도로 및 공항, 철도, 수자원개발, 상하수도, 농어업토목, 토목시공, 토목품질시험, 건축품질시험, 측량 및 지형공간정보, 건축시공, 도시계획, 조경, 건설안전, 지적(16개)
구조공학(Structural Engineering)	건축구조, 토목구조(2개)
지반공학(Geotechnical Engineering)	지질 및 지반(1개)
환경공학(Environmental Engineering)	대기관리, 수질관리, 소음진동, 폐기물처리, 산업위생관리, 기상예보, 자연환경관리, 토양환경(8개)
기계공학(Mechanical Engineering)	기계제작, 산업기계설비, 용접, 금형, 차량, 기계공정설계, 건설기계, 철도차량, 철야금, 비철야금, 금속재료, 금속가공, 비파괴검사, 기계안전, 조선(15개)
전기공학(Electrical Engineering)	발송배전, 전기응용, 전기철도, 철도신호, 산업계측제어, 전기안전(6개)
광업공학(Mining Engineering)	자원관리, 화약류관리, 광해방지(3개)
산업공학(Industrial Engineering)	공장관리, 품질관리, 포장, 제품디자인, 인간공학(5개)
화학공학(Chemical Engineering)	표면처리, 화공, 세라믹, 원자력발전, 방사선관리, 섬유공정, 방사, 제포, 염색가공, 의류, 화공안전(10개)
정보공학(Information Engineering)	전자계산기, 전자응용, 정보통신, 정보관리, 전자계산조직응용(5개)
생명공학(Bio Engineering)	산림, 종자, 시설원예, 축산, 농화학, 식품, 해양, 수산양식, 어로, 수산제조(10개)
소방공학(Fife Engineering)	소방(1개)
빌딩서비스 (Building Services Engineering)	건축기계설비, 공조냉동기계, 건축전기설비(3개)
유류공학(Fetroleum Engineering)	가스(1개)
항공우주공학(Aerospace Engineering)	항공기관, 항공기체(2개)
교통공학(Transportation Engineering)	교통(1개)

19.3 기술사 합격 이후

■□■ 피터의 원리(The Peter Principle)

조직 내에서 일하는 모든 사람은 자신이 무능력 수준에 도달할 때까지 승진하려는 경향이 있다. 그렇기 때문에 시간이 지남에 따라 조직의 많은 사람들이 임무를 제대로 수행하지 못하는 무능한 사람들로 채워지게 되고, 아직 무능력의 단계에 도달하지 않은 사람들을 통해 과업을 완수하게 된다는 것이 '피터의 원리'다.

이 이론은 1969년 로렌스 피터(Laurence J. Peter)가 자신의 저서 『피터의 원리(The Peter Principle)』에서 주장하였다.

이러한 현상은 현 직위에서 거둔 업무성과(job performance)에 대한 보상으로 승진을 시켜주는 관행 때문에 일어난다. 그런데 승진된 자리에서 요구되는 역량은 현 직위에서 요구되는 역량과 그 성질이 다르다고 할 수 있다. 피터의 원리에서 이끌어 낼 수 있는 교훈은 현 직위에서 거둔 업무성과에 대해서는 '승진'이 아니라 '보수 인상(pay raise)'을 보상으로 제공해야 하며 승진은 현 직위에서의 '근무실적'보다는 '직무수행 능력'과 같은 잠재적 역량을 나타내는 평정요소에 대한 평가를 기준으로 해야 한다는 점이라고 하겠다. 무작정 승진을 위해 몰두하는 사람들이 많을수록 결국 조직은 무능한 사람들로 채워질지 모른다.

로렌스 피터는 자신의 저서에서 능력을 충분히 발휘할 수 있는 수준에 이르렀을 때 거기에 걸맞게 성공에 만족하면서 살 것을 권하고 있다.

피터의 원리에서 벗어나고자 한다면 자신의 주 업무와 관련된 역량개발 외에도 2~3년 후 상급자가 되어 맞닥뜨리게 될 의사 결정 능력, 기술업무 능력, 대인업무 능력, 현장 파악 능력 등을 배양하기 위한 시간적·금전적 투자와 노력이 필요하다.

■□■ PMP 자격증(Project Management Professional)

기업을 포함한 조직의 비즈니스 대부분은 프로젝트를 통해 수행된다. 대부분의 회사에서는 목표에 대한 과제를 정의하고 이를 달성해 나가는 형태로 프로젝트를 수행하는 업무를 진행하게 된다.

회사에서는 프로젝트를 안정적으로 수행해서 성공적으로 완료하기 위한 많은 방법을 모색하게 되었으며, 체계적으로 계획을 수립하여 효과적인 기법과 올바른 표준 및 절차에 따라 프로젝트를 수행할 수 있는 인력의 필요성이 커져가고 있다.

PMP는 체계화된 프로젝트관리 능력을 바탕으로 내부 조직 능력의 향상, 일정 단축, 원가절감, 고품질을 통하여 고객만족 및 위험요소에 대한 사전 대응, 높은 생산성 달성 등의 업무효과를 보이며 비교우위의 경쟁력을 발휘하고 있다.

◎ 국내외 PMP 인지도

구분	주요 내용
해외에서의 PMP 자격 공신력	- 해외에서는 ANSI(American National Standards Institute)로부터 공인된 PMBOK Guide를 회사 기준으로 삼는 기업이 많음 - PM 관련부서에서는 진급 시 필수조건 - 해외 프로젝트 수행 시 전문자격으로 점수가 부여되거나 입찰요건으로 규정
국내 시행 및 인지도	- 도입 초기 건설 및 IT관련분야에서 많이 취득 - 현재는 국방, 제약, 영화산업에서도 적용되는 관리방법론으로 인식
PMP 취득 장려 및 수당 지급	- 대림산업, 대우건설, 한국전력 등의 기업들은 자격수당을 지급하거나 자격취득에 소요되는 비용지원

이러한 추세 속에 기업과 같은 조직에 속한 개인의 능력은 프로젝트 수행 능력으로 평가된다고 해도 과언이 아니다. 건설, 엔지니어링, IT/SI, 제조, R&D 등 프로젝트 관리개념이 필요한 분야에서 많은 사람들이 PMP 자격을 취득하고 있다고 한다.

PMP 자격취득 효과로는 국제인증자격증 보유를 통해 팀원이나 고객으로부터 프로젝트 수행의 신뢰성을 향상시킬 수 있으며, 개인의 가치상승 및 공신력, 경쟁력을 획득할 수 있다

▶ PMP의 장점

개인적인 측면	- 체계적인 프로젝트 관리능력 배양 - 개인 가치의 상승 - 전직 및 업무전환 - 실전 프로젝트 수행 시 적용
기업적인 측면	- 프로젝트 수행능력에 대한 대외적인 인증 - 프로젝트의 성공적 완수를 위한 조건 - 용어와 개념의 표준화를 통한 의사소통의 효율성 제고 - 발주자 입장에서 사업수행 조직을 체계적으로 관리, 평가

경력이 쌓이고 기술자로 인정을 받게 되면 팀장이 되고 나아가 임원이 되는 관리자의 단계로 넘어가는 것이 대부분의 현실이다.

계속해서 기술자 또는 전문가로 남고 싶어도 결국 어느 시기가 되면 자의 반 타의 반으로 관리자로의 전환을 고려해야만 한다.

피터의 원리와 PMP를 소개하는 이유는 유능한 기술자가 반드시 유능한 관리자가 되는 것은 아니기에 기술사가 되면 관리자가 되기 위한 준비도 필요하기 때문이다.

PMBOK(Project Management Body of Knowledge)는 기술자가 좋은 관리자로 전환하는 데 참고가 될 만한 훌륭한 교재라고 생각한다. 우리가 실무에서 접하는 업무에 대하여 이해하기 쉽고 체계적으로 정리가 잘되어 있다.

　시험방식은 컴퓨터로 치러지며 객관식이기 때문에 그리 어렵지 않다는 것도 장점이다. 다만, 시험을 보기 위해서는 필수교육과정이 필요하며 시험비용이 다소 비싸다는 점이 단점이다.

　PMP 자격증을 취득한다는 것은 기술사 자격증 못지않은 만족감과 자신감을 심어줄 것이라는 생각이 든다.

▶ PMP 자격증 전문카페(http://cafe.naver.com/pmplicense.cafe)

PMP 전문카페 메인화면과 PMBOK

참 고 자 료
「참고용 예비답안」

1교시 단답형

1. 비력 및 비력곡선에 대하여 설명하시오. 1p
2. 공액수심을 설명하고 도수전후의 공식을 적어라. 1p
3. 역적-운동량 방정식 1p
4. 복합단면수로의 등가조도 1p
5. 사각도수(obligue hydraulic jump) 1p
6. 침강속도 1p
7. 수리특성곡선 1p
8. 쉴드곡선 1p
9. 순간단위유량도 1p
10. 미국 SCS 무차원 합성유량도에 의한 단위도 유도방법 1p
11. 희석법에 의한 유량측정법 1p
12. d=0.05m인 호수에서 V=40m/s로 분사 시 벽이 받는 힘 1p
13. 필터(filter)의 법칙 1p

2~4교시 서술형

1. 침사지 설계에서 토립자의 침사지 내 포착을 위한 소요 수면적의 결정방법에 대해 설명하시오. 2p
2. 내진성능의 목표와 수문의 내진설계에 대해 설명하시오. 2p
3. 어도의 설치목적과 설계 시 고려사항을 적으시오. 3p
4. 단기유출과 장기유출은 유출기구는 같음에도 불구하고 유출해석 상의 차이를 보이는 바 그 이유를 설명하고 적용상의 유의점을 기술하시오. 3p
5. 고정보의 설계방법 및 설치 시 유의사항과 보 마루 결정방법에 대하여 설명하시오. 3p
6. 수제의 기능에 대하여 기술하고, 하천정비서 활용하는 방안에 대해 기술하시오. 3p
7. 강우강도식 IDF 3p
8. 다목적댐의 유효저수용량과 홍수조절용량의 결정방법을 기술하고 각종 수위를 사용하여 저수지용량 배분도를 그리시오. 3p
9. 댐 사업계획 시 댐 형식 결정을 위해 검토해야할 주요 인자를 상술하시오. 3p
10. 조합수조의 설치목적 및 종류와 특징을 기술하시오. 3p
11. 수리학적 홍수추적 3p
12. 하천제방의 붕괴원인과 제방안정성 향상을 위한 개선방안에 대하여 설명하시오. 3p

문제 비력 및 비력곡선에 대하여 설명하시오

I. 비력(Specific force)
 (1) 물의 단위중량당 정수압항과 동수압항으로 구성
 (2) Impulse - M_0
   $$M = h_GA + \frac{Q^2}{gA} = const$$

II. 비력곡선(Specific Force Curve)
 (1) 임의단면에 일정한 유량이 흐를 경우, 수심에 따른 비력의 크기변화를 도시

   (그림: 수심-비력 곡선, Subcritical flow / Critical flow / Supercritical flow, M_{min}, $M_1 = M_2$)

 (2) 일정한 유량이 흐를때 비력은 한계수심(g_c)에서 최소
   $$\frac{dM}{dg} = A - \frac{Q^2}{gA^2}\frac{dA}{dg} = 1 - \frac{Q^2T}{gA^3} = 0$$
   $$\frac{Q^2T}{gA^3} = 1, \quad Fr = 1$$

문제: 공액수심을 설명하고 도수전후의 공식을 적어라

I. 공액수심 (Conjugate depth)
 (1) 개수로내 흐름에서 일정한 비력을 가지고 흐를수 있는 수심(y_1, y_2)이 2개 존재
 (2) 이때 하나의 수심과 동일한 비력으로 흐를 수 있는 나머지 수심을 공액수심이라 함

II. 도수전후 공식
 (1) 도수 (Hydraulic jump)란 사류에서 상류로 흐름변화시 불연속적으로 뛰는 현상
 (2) Impulse Momentum Equation 적용
 $$\frac{y_2}{y_1} = \frac{1}{2}\left(-1 + \sqrt{1+8Fr_1^2}\right)$$
 (3) 도수전후 비에너지와 비력변화

Hydraulic jump Mmin $M_1 = M_2$

문제 역적 - 운동량 방정식

I. 역적 - 운동량방정식 (Impulse Momentum Equation)
  (1) 연속방정식과 Bernoulli Equation과 함께 유체 흐름의 문제를 해결하기 위해 사용되는 방정식
  (2) 운동량방정식은 에너지방정식으로 해결이 불가능한 수리학적문제도 해결할 수 있는 장점

II. 기본원리
  (1) 짧은 시간 dt 사이에 흐름의 유속이 V_1 에서 V_2로 변할경우 유체에 생기는 가속도를 a
  $$a = \frac{V_2 - V_1}{dt} = \frac{dV}{dt}$$

  (2) 질량 m인 유체를 Newton 제2법칙에 적용
  $$\Sigma F = ma = m\frac{V_2 - V_1}{dt}$$

  (3) 역적 - 운동량 방정식
  $$(\Sigma F) \cdot dt = m(V_2 - V_1)$$

  여기서, $(\Sigma F) dt$ = 역적 (Impulse)
          mV = 운동량 (momentum)

문제 복합단면수로의 등가조도

I. 개요
(1) 통수단면의 윤변이 상이한 재료로 되어있거나 윤변 각부의 조도가 다를경우, 편의치로서 등가조도를 계산하여 사용
(2) 등가조도 적용공식에는 Horton-Einstein 법과 Pavlovskii 법

II. 등가조도
(1) Horton-Einstein
$$n_e = \left(\frac{\sum_{i=1}^{n} P_i n_i^{3/2}}{P} \right)^{2/3}$$

(2) Pavlovskii
$$n_e = \left(\frac{\sum_{i=1}^{n} P_i n_i^{2}}{P} \right)^{1/2}$$

(3) 적용예

```
       ①    ②    ③
   ┌──┬──┬──┐
 a₁│A₁│A₂│A₃│ a₃
   │  ├──┤  │
   │  │a₂│  │
   └──┴──┴──┘
    B₁  B₂  B₃
    n₁  n₂  n₃
```

문제 사각도수 (Oblique hydraulic jump)

I. 개요
 (1) 한계류 상태 ($V=\sqrt{gD}$)에서는 흐름방향에 직각으로 정체파선 형성
 (2) 사류상태 ($V>\sqrt{gD}$)에서는 흐름방향과 되각 β를 형성
 (3) 양의 굴절시 정체파선에서 생기는 수심의 급격한 변화를 사각도수라 함

II. 기본이론
 (1) 수로벽면이 굴절되어 사류가 흐르면 굴절부 후면에 정체파선이 형성

 (2) 사각도수식
 $$\frac{y_2}{y_1} = \frac{1}{2}\left(-1 + \sqrt{1+8Fr_1^2 \sin^2\beta}\right)$$

 $V_1 \sin\beta \quad y_1 \quad y_2 \quad V_2 \sin(\beta-\theta)$

문제 침강속도

I. 개요
(1) 무한대의 정지유체에 토사입자를 강하시킬 때 가지게 되는 종말침전속도(terminal velocity)를 침강속도(fall velocity)라 함
(2) 토사의 유송 및 침적해석에 있어서 토사입자의 중요한 성질중 하나로 사용

II. 기본원리
(1) 정수중 침강속도
$$w = \frac{4}{3} \frac{gd_s}{C_D} \cdot \frac{\gamma_s - \gamma}{\gamma}$$

(2) Stokes 법칙
항력계수 $C_D = \frac{24}{Re} = \frac{24\nu}{wd_s}$

(3) 층류상태에서 침강속도
$$w = \frac{gd_s^2}{18} \cdot \frac{\gamma_s - \gamma}{\gamma}$$

III. 결론
(1) 토사입자의 침강속도는 제한된 조건에서 침강속도를 결정하는 방법
(2) 입자모양, 유사농도, 난류도 등이 침강속도에 영향

문제. 수리특성곡선

I. 개요
(1) 오수 및 하수의 배제를 위한 폐합관거는 자유수면을 가지는 개수로로 설계되므로 등류공식 적용
(2) 관거의 형상은 통상 원형이며, 관내 수심에 따른 유량과 평균유속의 변화로 관거의 수리특성을 이해함
(3) 원형단면에서 수심비에 따른 유량비 변화를 도시하는 곡선을 수리특성곡선 이라함

II. 수리특성곡선 (Hypsometric curve)
(1) 수심비에 따른 유량비

$$\frac{d}{D} = 0.94 \text{ 일때 } \frac{Q_{max}}{Q_F} = 1.08$$

(2) 수심비에 따른 유속비

$$\frac{d}{D} = 0.81 \text{ 일때 } \frac{V_{max}}{V_F} = 1.14$$

문제   쉴드곡선

I. 개요
 (1) 토사입자 이동과 관계되는 주요변수를 차원해석 한 후 토사입자 이동의 한계조건을 도표화
 (2) shields 함수 F_s와 R_e^*의 관계를 이용하여 토사입자의 이동여부를 판단

II. shields 함수
 (1) shields 함수, F_s
 $$F_s = \frac{U_*^2}{gd(S-1)} = \frac{\tau}{(\gamma_s - \gamma)d}$$
 (2) 입자 Reynolds 수, R_e^*
 $$R_e^* = \frac{U_* d}{\nu}$$
 여기서, U_*는 유속계수
 (3) shields 곡선

F_s	한계조건선
층류	난류 0.056
	R_e^*

 (4) 난류영역에서 F_s가 0.056 이상이면 토사이송 시작

문제   순간단위유량도

I. 개요

(1) 순간단위유량도 (Instantaneous Unit Hydragraph, IUH)는 지속기간이 0이고 크기가 1cm 인 가상적인 유효강우에 대한 단위도

(2) 단위도에서 지속기간에 대한 영향을 제거하기 위해 고안된 것

II. S-curve를 이용한 IUH 유도

(1) 지속시간 t_1 단위도로부터 t_2 단위도 유도

$$u(t_2, t_1) = \frac{t_1}{t_2}(S_t - S_{t_1-t_2})$$

(2) IUH는 지속시간이 0이므로 $t_2 = 0$

$$u(t_1) = t_1 \frac{dS_t}{dt}$$

(3) IUH 첨두유량은 변곡점과 같은 시각에 발생

[그래프: 유량 vs 시간, IUH 곡선과 S_t, $S_{t_1-t_2}$ 곡선, 변곡점 표시]

문제 미국 SCS 무차원 합성유량도에 의한 단위도 유도방법

I. SCS 무차원 합성유량도
  (1) 합성단위도란 유역의 지형인자와 단위유량도의 요소들간에 관계식을 수립하고, 이로부터 구한 단위도
  (2) 미국토양 보전국(Soil Conservation Service, SCS)은 수문곡선이 삼각형 형태를 가진다는 가정하에 단위도 합성
  (3) SCS 무차원 합성유량도는 단위도를 이용한 미계측 유역의 설계홍수량 계산에 주로 사용

II. 단위도 유도방법

[그림: 강우량/유량 vs 시간, t_r, t_e, q_p, t_p, $T-t_p$]

$$q_p = \frac{2.08 A}{t_p} \ m^3/s$$

$$t_p = \frac{t_r}{2} + t_e$$

문제 희석법에 의한 유량측정법

I. 개요
(1) 계류나 소하천에서 운반토사아 얕은수위 대해 유량측정이 곤란할 경우 희석법에 의해 유량측정
(2) 희석법에 의한 유량측정방법
  - 일정량주입법, 일시주입법

II. 일정량주입법
(1) 농도 C_1(용량 q)인 물질을 농도 C_2, 유량 Q인 하천에 주입
(2) 하류단에서 농도 C_e를 측정하여 유량 Q를 산정

$$C_1 \times q + C_2 \times Q = C_e(q+Q)$$

유량 Q → 주입량 q → 유량 $(Q+q)$
농도 C_2 농도 C_1 농도 C_e

III. 일시주입법
(1) 상류에서 일시에 농도 C_1, 용량 q인 물질 주입
(2) 하류에서 시간-농도곡선을 그려 유량 Q를 산정

$$q(C_1-C_2) = Q\int_0^T (C_t-C_2)dt$$

문제 $d = 0.05m$ 인 확대에서 $V = 40m/s$ 로 분사시 벽이 받는 압

I. 적용 방정식
 (1) 분사되는 유수에 의한 운동량해석 (동압력)
 (2) 운동량 방정식 : 정수압 + 동압력
$$F = \rho QV + \gamma h_a A$$

II. 계산조건
 (1) 정지된 확대에서 울축사
  → 정수압 없음 (압력흐름)
 (2) 정수압 무시 → 동압력만 계산

III. 문제풀이
$$F = \gamma h_a A + \rho QV \text{ 에서 } \gamma h_a A = 0$$
$$F = \rho QV = \frac{\gamma}{g} AV^2$$
$$= \frac{1000}{9.81} \times \frac{\pi \times 0.05^2}{4} \times 40^2$$
$$= 320 kg$$

문제 필터(filter)의 법칙

I. 개요
(1) 필댐의 Core와 축제측에 물이 흐르면 Core 세립분이 축제측 굵은 입자 사이로 유출되어 Piping 현상 발생
(2) Core와 축제측 경계에 일정한 입도조건을 만족하는 재료를 두면 물만 투과되고 Piping 현상 방지
(3) 이와 같은 재료를 필터(filter)라 함

II. 필터의 법칙
(1) Piping 방지
$$\frac{필터재료의\ 15\%\ 입경}{필터로\ 보호되는\ 재료의\ 15\%\ 입경} > 5$$
(2) 필터의 투수성
$$\frac{필터재료의\ 15\%\ 입경}{필터로\ 보호되는\ 재료의\ 85\%\ 입경} < 5$$
(3) 필터재료와 보호되는 재료의 입도곡선은 평행
(4) 필터층은 점착성이 없어야 함

III. 필터두께 결정
(1) 이론상 얇을 것이 우수
(2) 시공조건·지진안전성 고려 ⇒ 2~4m 적정

문제 침사지 설계에서 토량자의 침사지내 포착을 위한
소요수면적의 결정 방법에 대해 설명하시오

I. 개요
(1) 유역에서 침식된 토사
  - 저수지 퇴적, 저수용량 감소, 하천통수능 저하
(2) 고유사 형태의 실트 및 점토
  - 수질오염, 수환경 문제 유발
(3) 토사유양에 따른 하류하천 문제 방지방법
  - 침사지, 사방댐 등 사방시설

II. 침사지 형식 및 구성

형식	주요 내용
干이 침사지	침사량 적은 경우 일시적 저감
연시 "	개발중, 공사중 임시 제어
영구 "	유역개발후 영구적 토사유출 방지

```
    |← 유입조절부 →|← 유출조절부 →|
              _____
             /     오     \
    _____/             _____
    |                              |
    |      침전부                   |
    |                              |____→ 하류하천
    |//////////|
       토사퇴적부    주머누리
```

Ⅲ. 침사지 규모

구분	규모 결정 방법
상류 유역의 토양 침식량	범용 토양손실량 측정식 (RUSLE) 침식량 실측 (계측유역) 유출 저수지 실측량
침사지 퇴적량	최초침식량 × 유사전달률 (D.R) × 토사포착률 ÷ 퇴적토 단위중량
최소필요수면적 (A_s)	대상 빈도홍수량 (영구 50년) 대상입자 침강속도
침사지계획수면적 (A_w)	$A_w = A_s \times 1.2$
침사지내 퇴적토 높이	H = 침사지 토적량 / A_w

Ⅳ. 토사저감 대책

구분	저감 대책
유역대책	(1) 개발지 토양노출 최소화 (2) 노출토양 식생·덮개 보호 (3) 절성토 사면 경사 깊이 단축 (4) 차류수로·사방수로 설치
하도대책	(1) 임시 및 영구 저류지 설치 (2) 퇴사 및 준설계획 (3) 사방댐·저사댐·우회침사수로

문제	내진성능의 목표와 수원의 내진설계에 대해 설명하시오

I. 개요

(1) 목표 및 수준
 - 구조물의 중요도, 예상피해정도, 시설물 규모 등
(2) 국내 지진빈도 발생 증가
 - 수공구조물에 대한 내진설계 필요

II. 내진설계 등급

구분	주요내용
내진 1등급	시설물의 규모가 크고, 피해시 많은 인명과 재산의 손실우려
내진 2등급	시설물의 규모가 작고, 피해시 낮은 수준의 피해예상

III. 내진성능 수준

구분	성능수준
기능수행수준	(1) 허용범위내 변위발생 (2) 국부적 보수를 통해 기능의 수행에 문제되지 않는 수준
붕괴방지수준	(1) 제한적인 구조적 피해 발생 (2) 단기간 보수로 기능회복 가능 (3) 시설물의 기능 유지

Ⅳ. 내진성능목표

구분	50년	100년	500년	1000년
기능수행	내진2등급	1등급		
붕괴방지			2등급	1등급

Ⅴ. 수문의 내진설계

(1) 적용수문
  본류를 횡단하거나 본류로 유입되는 지류를 횡단하는 제방을 관리시키는 형태

(2) 내진등급

구분	적용기준
내진 1등급	총 위험계수 10 이상
내진 2등급	〃 10 이하

(3) 위험인자와 위험계수

위험인자	높음	중간	낮음
계획홍수량(㎥/s)	20,000 초과 (4)	20,000~10,000 (2)	10,000 미만 (0)
수문높이(m)	30 이상 (4)	30~10 (2)	10 미만 (0)
대피인원(인)	5,000 초과 (8)	5,000~500 (4)	500 미만 (0)
하류피해	높음 (8)	중간 (4)	낮음 (0)

문제 어도의 설치목적과 설계시 고려사항을 적으시오

I. 설치목적
 (1) 어류의 소상·강하를 방해하는 하천횡단 시설이 있는 경우, 이를 해소할 수 있도록 만들어진 수로 또는 장치
 (2) 생태계 보전의 하나로 어류의 life cycle을 완수할 수 있도록 이동로를 확보

II. 설계항목

(그림: 하상 / 물웅덩이 / 보 또는 낙차공, 경사 1:20)

구분	설계 조건
기울기	1:20 이상
입구	유심에 연결
출구	유속을 감해하는 구조
유속	0.5 ~ 1.0 m/s
유량	갈수기 최소유량 모두를 어도로 유하

Ⅲ. 어도 종류

형식	특징	종류
풀라형	풀이 계단식으로 연속 설치	1) 계단식 2) 버티컬 슬롯식 3) 아이스 하버식
수로형	낙차가 없이 연속된 유로형성	1) 도벽식 2) 인공수로식 3) 데노일식
조작형	시설이 인위적인 조작으로 작동	1) 갑문식 2) 리프트식 3) 트럭식

Ⅳ. 고려사항

구분	고려사항
구조율적	1) 친수적 안전성 2) 하상저하 (설치후) 3) 어도 형태별 수리특성
생물학적	1) 어류 이동 속도 2) 유역특성 및 하천거동 3) 유속속도에 따른 어류 휴식공간 반영
유지관리	1) 홍수후 유목 및 토사 퇴적 방지

V. 장·단점

구분	장점	단점
계단식	1) 구조 간단 2) 시공 간편 3) 공사비 저렴 4) 유지관리 용이	1) 어도내 유량 불안정 2) 풀내 순환류 발생 3) 도약·유영력 좋은 어종 유리
아이스 하버식	1) 어도내 유량 안정 2) 어류휴식공간 별도	1) 계단식 대비 구조 및 시공 복잡
인공 하도식	1) 모든 어종 이용 가능	1) 별도 설치공간 2) 공사비 고가
도벽식	1) 구조 간단 2) 시공 간편	1) 고유속 2) 수심 확보 곤란 3) 어도내 유속 불안정 4) 불확실
버티컬 슬롯식	1) 좋은 장소 설치 가능	1) 구조 복잡 2) 공사비 고가

VI. 개선사항

문제점	개선사항
1) 하류측 세굴 2) 기초 파손 3) 유량조절 불래	1) 지속적 유지관리 및 모니터링 2) 어도 설치전 기초 콘단 A/S의 필요성 검토

문제: 단기유출과 장기유출은 유출기구는 같음에도 불구하고 유출해석상의 차이를 보이는 바 그 이유를 설명하고 적용상의 유의점을 기술하시오

I. 개요
(1) 강우의 일부분이 지표 또는 하천으로 흐르는 과정을 유출(Runoff)이라 함
(2) 하천유출은 이수·치수상 핵심적인 수문량
(3) 유출기구 (Runoff Mechanism)
 = 지표유출 + 중간유출 + 기저유출
(4) 총유출
 = 직접유출(지표유출 + 중간유출) + 기저유출
(5) 유출과정을 실험적으로 나타내는 방법
 = 강우-유출 모형

II. 장기유출 및 단기유출

구분	특징
장기유출	1) 자료계열의 지속성 확보 2) 연유량과 같은 전상계열과 작용
단기유출	1) 자료계열의 지속성 짧음 2) 장기간 특성치 보전불가 3) 국지사상과 장기간의 홍수나 가뭄이 잘 나타나지 않음

Ⅲ. 장기유출모형
  가. 수정 Tank 모형
   (1) Tank 모형을 국내유역 특성에 맞게 수정·보완한 모형
   (2) 소규모 댐의 일별 유입량과 방류량 모의
   (3) 유역관리를 위한 유출량 산정과 저수지 운영에 사용
  나. 모형구성

   Evaporation ← ↓↓↓ Rainfall
   → Surface Runoff
   → Subsurface Runoff
   → Ground Water Runoff

Ⅳ. 단기유출모형
  (1) 하도기준점에서 한 번의 강우로 인한 유량과 수위변동을 해석
  (2) 저류량추적법
     = 저류방정식 + 연속방정식 = 홍수유출량 산정
     = 홍수예경보 시스템에 적용
  (3) 하수대책 및 수자원 개발의 기초정보 획득

4. 모형구성

[그래프: 세로축 AREA, 가로축 Time. f·A 높이에서 Infiltration Area와 Runoff Area로 구분, 경계는 t(Rsa)]

f : 유출계수 , Rsa : 포화유량

V. 문제점 및 개선방안

구분	주요 내용
문제점	1) 신뢰성 있는 결과도출을 위해 적정모형 선택 필요 2) 모형은 유역특성에 맞게 Calibration 및 Verification 중요

개선사항	1) 보정 방법
	  - trial-error, 최적화 기법
	2) 모형의 신뢰도 향상
	  - 실측강우량, 유출량, 증발량 사용
	3) 최신 GIS를 이용한 분포형모형 발달
	4) 실측에 근거한 검정·검증 및 매개변수에 대한 이해도 증대

문제 고정보의 설치방향 및 설치시 유의사항과
     보 마루 결정방법에 대하여 설명하시오.

I. 개요
   (나)갑종 양수위 확보 및 조운을 위한 수심확보
   (다)역류 방지를 위해 하천의 횡단 방향으로 설치
       하는 하천 횡단시설물

   [그림: 고정보 본체, 물받이공, 물받이공, 상류바닥보호공, 차수공, 하류바닥보호공]

II. 종류

구분	종류
설치 목적별 종류	1) 취수보 2) 분류보 3) 방조보 4) 유량조절보
구조와 기능별 종류	1) 가동보 2) 고정보 3) 혼합보

III. 설계방향

(1) 보마루 결정방법

   보마루표고 = 계획최수위 - (갈수량 - 취수량)의
   월류수심 + 여유고

(ㄴ) 고정보 단면결정

   Bligh 공식: 윗폭 = $\dfrac{h_1}{\sqrt{\gamma}}$, 아래폭 = $\dfrac{H+h_1+d}{\sqrt{\gamma}}$

$d = V^2/2g$
h_1 = 월류수심
H = 보높이
윗폭
아래폭 · 하류측
월단이 길이

IV. 유의사항

구분	유의사항
설치시	1) 치수적 안정성 2) 이수적으로 유리 3) 어류소상 및 강하에 유리 4) 인접시설 영향 최소화

Ⅳ. 유의사항

구분	유의사항
형식 결정시	1) 홍수위 변동 2) 저류측 퇴적 및 수질개선 3) 생태환경 4) 하천 자정능력 증대 5) 식생 보전
위치 선정시	1) 하안이 안정되고, 하상변화가 작은 지점 2) 상·하류 영향이 작은 지점 3) 기초지반 양호 4) 구조상 안전하고 공사비 저렴 5) 유지관리 용이 6) 계획하폭 확보

Ⅴ. 종류별 장·단점

구분	가동보	고정보
재질	고무 또는 철판	콘크리트
수리특성	수위조절	수위상승
경관성	양호	단순
시공성	복잡	단순
유지관리	조절 필요	정기적 조사

문제 수제의 기능에 대하여 기술하고, 하천정비에서 활용하는 방안에 대해 기술하시오.

I. 개요
(1) 흐름방향과 유속을 제어하여 하안 또는 제방을 보호하기 위해 설치하는 구조물
(2) 설치시 기존 하도 및 계획하도가 수리학적(hydraulic)·생태학적(ecological)·친환경적(eco-friendly) 측면에서 역효과가 발생하지 않도록 계획

II. 수제기능

기능	주요 내용
유로제어	1) 저수로 방선형 수정 2) 유로 고정
하상세굴 방지	1) 유수 충돌방지 2) 하안 비탈면 침식방지 3) 호안 비탈면 파괴방지
토사퇴적유도	1) 유속 저하 2) 제방 세굴방지
수위 상승	1) 수심확보 2) 주운을 위한 수심 및 유량확보

Ⅲ. 수제 종류

구분	종류
구조상 종류	1) 투과수제 2) 불투과수제 3) 혼용수제
배치상 종류	1) 횡수제 2) 평행수제 3) 온잠형수제

Ⅳ. 수제 공법

구분	구조 및 특징
말뚝	1) 투과 수제 2) 나무·콘크리트 재료
돌망태	1) 반투과 수제 2) 굴요성 풍부 3) 내구성 취약
침상	1) 불투과 수제 2) 굴요성 부족
격자틀	1) 투과수제 2) 나무틀 3) 하천 중·상류 설치
콘크리트 블럭	1) 불투과 수제 2) 주변 세굴증가

V. 활용방안

(1) 설치위치

구분	주요 내용
일반하천	1) 환경개선 목적 2) 저수로 고정 3) 유심방향 변화
급류하천 대하천	1) 수심이 깊은 수충부에 적용
급경사 하천 만곡 하천	1) 하상유지 곤란 2) 세굴이 심한 구간

(2) 수제방향

(하향수제 / 직각수제 / 상향수제 — 유향에 따른 세굴·퇴적 모식도)

(3) 수제간격

(유향, 수제간격, 재부착 길이, seperation Layer 모식도)

문제 강우강도식, IDF

I. 개요
(1) 설계강우량은 지점 및 면적확률강우량, 강우강도-지속시간-빈도관계곡선(IDF곡선), 최근 강우강도를 주로 이용.

(2) 강우강도식은 지점강우가 지배할 수 있는 일정한 유역면적($A = 25.9km^2$ 이하)에서 충분한 관측자료가 있는 경우 단기간의 확률강우량 산정에 주로 이용

(3) 소규모 수공구조물(배수통관, 암거) 설계에 간편한 적용이 목적

II. 강우강도식
(1) Talbot형
$$I = \frac{a}{t+b} \ (mm/hr)$$

(2) Sherman형
$$I = \frac{b}{t^n} \ (mm/hr)$$

(3) Japanese형
$$I = \frac{a}{\sqrt{t}+b} \ (mm/hr)$$

Ⅲ. 작성방법

흐름도	주요내용
강우자료의 확보 및 평가	(1) 우량자료의 동질성·일관성 평가 (2) 지속시간별 강우자료 조사 (3) 일강우 누적시 3일 강우량 → 72시간으로 환산
적정 확률분포형 선정	(1) 점빈도해석 수행 (2) 적정분포형 Gamma, Gumbel Log-Normal, GEV 등
매개변수 추정	(1) 적정매개변수 추정 (2) 모멘트법, 최우도법 확률가중모멘트법
매개변수 적합성 검증	(1) 추정된 매개변수의 적합도검증 (2) χ^2 검정, KS검정, PPCC Cramer Von Mises 검정
IDF 곡선도시 (강우강도식 산정)	(1) 지속시간별-재현기간별 확률강우량을 전대수지에 도시 (2) 도시된 IDF 곡선식 작성 (3) 최소편차의 강우강도식 결정 (4) a, b는 최소자승법 이용

Ⅳ. 곡선식의 적용

```
        전대수지 ( log-log )
강우강도
(mm/hr)       재현기간(yr)
                          100
                          80
                          50
                          30
                          20
         지속시간 (hr)
```

(1) 수문설계의 기초자료로 제공
(2) 일정 지속시간을 갖는 소규모 수공구조물 (배수통관, 암거) 설계시 간편 적용
(3) 설계강우강도 선정시 순간강우강도법(Keifer-chu)에 의한 우량주상도 작성

Ⅴ. 결론
(1) 유역내 강우를 설계의 일관성 확보
(2) 소규모 수공구조물 설계시 적용의 간편성
(3) 과거 지역별 강우강도식 산정시 유용하게 적용
(4) 최근 대책별 강우량증분 IDF가 축소되어 적용상의 한계로 소규모 구조물에만 국한 적용

문제 다목적댐의 유효저수용량과 홍수조절용량의 결정
방법을 기술하고 각종 수위를 사용하여
저수지용량 배분도를 그리시오.

I. 개요
(1) 저수지용량 배분
 - 퇴사용량 + 이수용량 + 홍수조절용량 + 이상홍수용량
(2) 저수지용량 배분에 의해 댐건설 비용배분이
 이루어지며 댐 건설후 댐 운영과 관리의
 기준이 됨

II. 유효저수용량
(1) 이수안전도를 고려하여 저수지 유량규모 결정
(2) 유입량 누가곡선법 (Ripple's Mass Curve Method)
(3) 유입량은 과거 30년 이상 자료 또는
 모의발생 자료 이용

d_i : 물부족량
L_i : 저수지 수위 강하기간
k_{si} : 수면강하 시작점
k_{ei} : 여수로 방류 시작점

II. 홍수조절능력

(1) 저수지 추적적
  - Storage Indication method 이용

(2) 연속방정식 또는 저류방정식

$$\frac{I_2+I_1}{2}\Delta t + (S_1 - \frac{1}{2}O_1\Delta t) = (S_2 + \frac{1}{2}O_2\Delta t)$$

　　　　　known　　　　　　　　Unknown

(3) 저류량 - 유출량 관계 이용
  - 저류량 - 지시곡선 관계 유도

[그래프: 세로축 O, 가로축 S or $S-\frac{1}{2}O\Delta t$ or $S+\frac{1}{2}O\Delta t$, 곡선 $S-\frac{1}{2}O\Delta t$, S, $S+\frac{1}{2}O\Delta t$]

(4) 저류량 - 유출량 관계
  저류량 - 저수위 관계로 추후 저수위를 통한 여수로 방류 관계로 산정

Ⅲ. 저수지 용량배분

(1) 수위결정

구분	주요내용
최고수위	댐 안전 계산
홍수위	홍수조절 최고수위
상시만수위	비홍수기 이용량
제한수위	홍수조절 최저수위
저수위 (L.W.L)	(1) 위사퇴적 고려 최저 취수위 (2) 수력발전 (3) 어류 및 야생동물 생존 (4) 댐 안정 (5) 수리구조물 유지
사수위 (D.S.L)	100년간 퇴사량의 공간적 최초 고려

(2) 용량배분

문제 : 댐 사업계획시 댐형식 결정을 위해 검토해야
할 주요인자를 설명하시오.

I. 개요
(1) 댐의 정의
 - 하천의 흐름을 막아 그 저수를 생활 및
   공업용수, 농업용수, 발전 및 홍수조절의 용도로
   이용하기 위한 H = 15m 이상 공작물
(2) 댐의 형식 선정
 - 예비설계 및 개략공사비
(3) 댐 건설 위치
 - 지형, 지질, 축대시설, 지역조건 등 종합검토

II. 댐의 분류

분류기준	분류명
목적	- 단일 목적댐 - 다목적댐 (이수 + 치수)
용도	- 저수댐, 취수댐 - 지체댐 (홍수조절)
재료형식	- 흙댐 (균일형, 죤형, 코어형 등) - 콘크리트댐 (중력식, 중공식, 아치식)
기타	- 원류댐, 바닥유댐, 하복방유댐 - 폐제댐, 사방댐

Ⅲ. 위치결정시 고려사항
(1) 홍수조절, 용수공급, 수력발전 등 개발목적과 부합성
(2) 자연조건

구분	주요내용
저수용량	- 충분한 용량확보 가능한 지점
설치지점	- 양안이 높고 댐체적 최소
기초지반	- 안전하고 차수성 양호
제체재료	- 재료 취득이 용이
여수로	- 될 댐인 경우 설치 용이
공사여건	- 기상 및 운송조건 양호 작업복지조건 양호

(3) 지역경제와의 연관성 및 기득수리권
(4) 장래개발 가능성
(5) 단일댐 또는 댐군의 형식선택
(6) 자연환경의 조화 및 보존

Ⅳ. 형식결정시 고려사항
(1) 형식

구분	고려사항
콘크리트댐	- 양안이 높고 폭이 좁은 계곡
필 댐	- 대형장비 작업이 가능하고 폭이 넓은 계곡
아치댐	- 계곡단면상이 아치응력에 적합

(2) 지질 및 기초상태

구분	처리대책
암반기초	Grouting 처리, 풍화암 제거
사력기초	차수벽 설치
실트 및 모래	침하, 파이핑, 투수손실, 기초침식 대책
점성기초	흙댐의 기초처리

(3) 사용재료

형식	현장조건
필댐	흙과 암석 풍부
콘크리트댐	모래와 자갈 풍부

(4) 여수로 위치와 규모

형식	위치 및 규모
콘크리트댐	댐 본체와 일치시 경제적
필댐	댐 본체와 분리된 자연지반

(5) 위수전환 규모와 방법

규모	홍수빈도
소형댐	10년 빈도 홍수량
대형댐	10~20년 빈도 홍수량

(6) 기타

구분	주요내용
수문 및 기상	강수, 습도, 기온, 홍수 등
기타	문화재, 자연경관, 환경변화 등

문제: 조압수조의 설치목적 및 종류와 특징을 기술하시오

I. 정의
발전소, 양수장 등 관수로내 급격한 압력변화, 유속변화시 수격작용(Water Hammer)을 감쇠, 제거하기 위한 수조형식의 조절기구

II. 설치목적
(1) 밸브의 급폐쇄, 펌프의 급정지, 급가동시 관내의 과대압력 발생
(2) 압력변화에 따른 수격작용, 공동현상에 의한 관의 파손, 구조물의 파손을 막기위해 조압수조(Surge Tank) 설치

III. 수격작용
(1) 관로내 질량 M인 물질가 가속도 $a = dV/dt$ 로 속도변화 Newton 제2법칙
$$F = ma = m\frac{dV}{dt}$$

(2) 밸브의 급폐쇄로 물의 흐름속도 $\Delta t = 0$ 이면,
$$F = ma = m\frac{dV}{dt} = \frac{m\,d(V_0 - 0)}{0} = \infty$$

(3) 물리적 한계로 순간적 폐쇄는 어려우나, F는 크게 발생하여 구조물 파손

Ⅳ. 종류 및 특징

종류	개요도	특징
단동 조압수조 Simple Surge Tank		(1) 한개의 중간형식 (2) 상단은 자유수면 형성 (3) 구조 간단 (4) 수위변화 완만 (5) 용량이 커 비경제적
제수공 조압수조 Orifice Surge Tank		(1) 수조저부로 Orifice 설치 수압관과 연결 (2) 수조 유입량 제어하여 양력과 2차 전달 제어 (3) 구조 다소 복잡
차동 조압수조 Differential Surge Tank		(1) 이중수실구조 (2) 수면진동 감쇄용이 (3) 구조 복잡 (4) 수리학적이론 복잡 (5) 시공 복잡, 공사비 과다
수실 조압수조 Chamber Surge Tank		(1) 수조상부 폐쇄 후 공기쿠션으로 충격흡수 (2) 좁은 연직수실 + 큰 단면적 구조 (3) 낮은 수위로 수압저감

Ⅴ. 감쇄원리
(1) 수격작용으로 인한 압축흐름 조압수조 유입
(2) 수조내 물의 진동으로 압력 감쇄
　　압력에너지 → 마찰에너지
(3) 수조내 단면적과 진폭은 반비례 관계
(4) 최적단면 결정
　- 진폭의 크기 + 진동시간
(5) 조압수조내 물을 관로에 공급
　- 관내 부압발생 감소
(6) 펌프 가동시 - 수조내 물공급
　　펌프 정지시 - 수조내 물흡수

Ⅵ. 설계시 고려사항

구분	고려사항
전부하 차단조건	전부하 순간차단시 수조내 물이 월류하지 않을 것
전부하 급증조건	전부하 급증시 수조내 최저수위가 관 천단표고 이하일 것
안정조건	수조내 미소진동 발생시 평형상태로 복원되어 안정성 확보
감쇄조건	부하변동의 중첩시 수조내 이상진동이 발생하지 않을 것

문제 수리학적 홍수추적

I. 개요
  (1) 홍수추적 (flood routing)
      - 유입수문곡선에 대한 유출수문곡선의 계산 절차
  (2) 수리학적 홍수추적
      - 비정상류흐름 (Unsteady flood)의 해를 산정
  (3) 수문학적 홍수추적
      - 하도추적, 저수지추적, 유역추적으로 구분

II. 기본 방정식
  가. 연속방정식
    (1) Continuity Equation
        $$\frac{\partial Q}{\partial x} + \frac{\partial A}{\partial t} = q_i$$

    (2) 질량보존의 법칙 이용
        Δx 구간의 유입량 - 유출량 = 저류량변화

  나. 운동량 방정식
    (1) Saint-Venant Equation
        $$\frac{\partial V}{\partial t} + V\frac{\partial V}{\partial x} + g\frac{\partial z}{\partial x} = g(S_0 - S_f)$$

    (2) Newton 제2법칙 이용
        Δx 구간에 작용하는 힘의 합 = 운동량 변화율

Ⅲ. 홍수추적 모델 분류

$$\frac{\partial V}{\partial t} + V\frac{\partial V}{\partial x} + g\frac{\partial y}{\partial x} = g(S_0 - S_f)$$

local 가속도 / Convective 가속도 / 수위면차에 의한 압력 / 중력과 마찰항

$$\frac{\partial V}{\partial t} + V\frac{\partial V}{\partial x} + g\frac{\partial y}{\partial x} - g(S_0 - S_f) = 0$$

← Kinematic Wave →
← Diffusion Wave →
← Dynamic Wave →

Ⅳ. 홍수추적

가. Kinematic Wave 근사해법
 (1) 자연하도에서 흐름을 지배하는 힘
   - 중력과 마찰력
 (2) 운동량방정식의 좌의항을 무시하도 (가속도, 압력)
   - 오차 차이 감소
 (3) 위와 같은 가정하의 홍수추적방법
   - 부정부등류 Kinematic Wave Approximation

나. 홍수추적절차

(1) 임의점 유량은 Manning 공식 표시
($S_f = S_0$)
$$Q = \frac{1}{n} A R^{2/3} S^{1/2}$$

(2) n과 S가 결정되면 Q는 A의 함수
$$Q = \alpha A^m$$

(3) 연속방정식
$$\frac{\partial Q}{\partial x} + \frac{\partial A}{\partial t} = q_i$$

(4) (2)와 (3)을 연립
$$\frac{\partial A}{\partial t} + \alpha A^{m-1} \frac{\partial A}{\partial x} = q_i$$

(5) (4)를 유한차분법으로 계산

V. 결론

(1) Dynamic Wave로 하구조건을 Normal depth - Muskingum-Cunge routing Method와 유사한 값으로 발생

(2) 홍수유출모형은 수위표지점의 수위자료-홍수방류량 이용한 모형의 검증(Verification)이 중요사항

문제: 하천제방의 붕괴원인과 제방안전성 향상을 위한 개선방안에 대하여 설명하시오.

I. 개요

(1) 유수의 원활한 소통과 제내지 보호를 위해 하천을 따라 흙으로 축조한 공작물

(2) 홍수방어를 위한 구조적대책중 제방은 가장 기본적이고 중요한 역할을 담당

(3) 하천설계 기준

계획홍수량(㎥/s)	여유고(m)	둑마루폭(m)	비탈경사
200 미만	0.6 이상	4.0 이상	
200~500	0.8 이상		
500~2,000	1.0 이상	5.0 이상	
2,000~5,000	1.2 이상		1:3
5,000~10,000	1.5 이상	6.0 이상	
10,000 이상	2.0 이상	7.0 이상	

Ⅱ. 제방붕괴 원인

원인	특징
월류	1) 하도통수능을 초과하는 홍수유출 발생 2) Debris flow에 의한 통수능 저하
침식	1) 급경사부 또는 만곡부에 과대유속 또는 소류력 발생 2) 제방 비탈면이나 하단부 세굴 3) 호안과 부속시설물에 의한 제방붕괴
제체 불안정	1) 성토재료 불량 2) 다짐 불량 3) 제체균열 및 단면축소 4) 제체 및 지반누수에 의한 Piping
구조물 영향	1) 하천구조물이 붕괴되면 제방붕괴 2) 제방과 구조물 접합면 붕괴 3) 구조물 접합부의 공동현상

Ⅲ. 개선방안

가. 월류대책
 (1) 제체폭 확대 및 수퍼제방 도입
 (2) 제방의 고규격화 및 고품질화
 (3) 완경사, Green, Frontier 제방도입
 (4) 계획하폭 확대와 계획홍수위 저하
 (5) 홍수터 확보, 천변저류지, 상류댐 등 제방부담경감

나. 침식대책

양성토 공법	비탈면피복 공법

다. 제체불안정 대책

차수벽 설치	불투수성 Blanket 설치
배수구 설치	배수도랑 설치

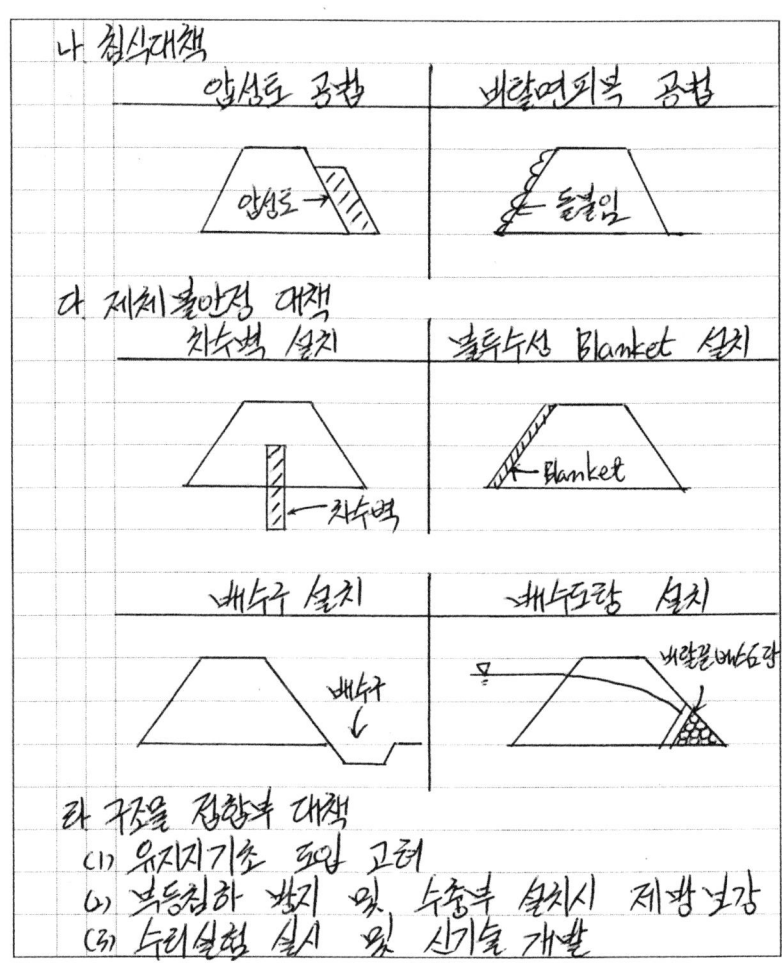

라. 구조물 접합부 대책
  (1) 유지지기초 도입 고려
  (2) 부등침하 방지 및 수충부 설치시 제방보강
  (3) 수리실험 실시 및 신기술 개발

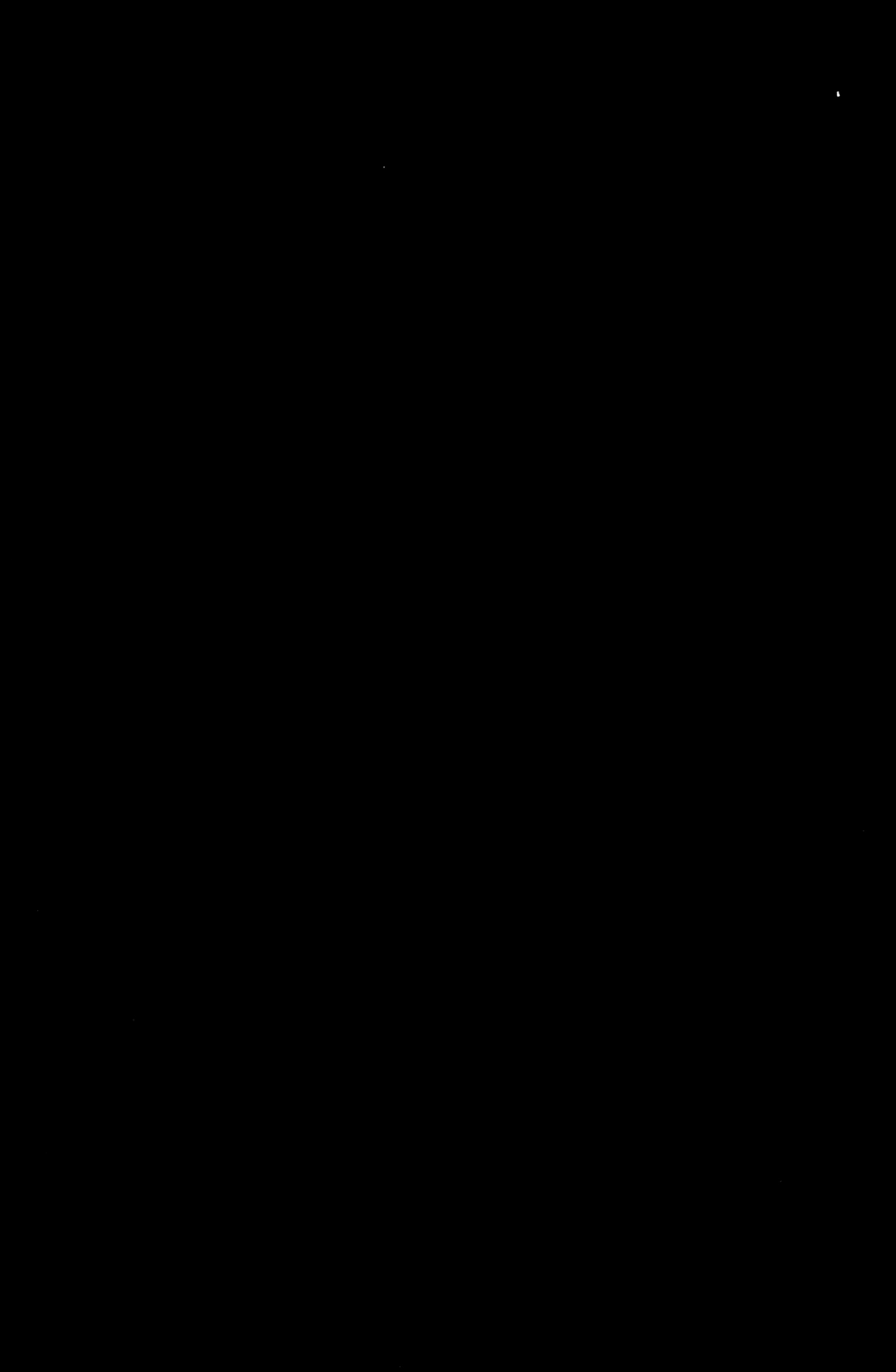